现代农业机械化技术

U0349450

蔬菜产业机械化技术及装备

◎ 杨立国　赵景文　主编

**SHUCAI CHANYE JIXIEHUA
JISHU JI ZHUANGBEI**

中国农业科学技术出版社

图书在版编目（CIP）数据

现代农业机械化技术.蔬菜产业机械化技术及装备 / 杨立国，
赵景文主编 . — 北京：中国农业科学技术出版社，2020.1
　ISBN 978-7-5116-4155-7

　Ⅰ . ①现… Ⅱ . ①杨… ②赵… Ⅲ . ①蔬菜园艺—农业机械化
Ⅳ . ① S23

中国版本图书馆 CIP 数据核字（2019）第 078436 号

责任编辑　穆玉红　褚　怡
责任校对　李向荣

出　版　者　中国农业科学技术出版社
　　　　　　北京市中关村南大街 12 号　邮编：100081
电　　　话　（010）82109707 82106626（编辑室）（010）82109702（发行部）
　　　　　　（010）82109709（读者服务部）
传　　　真　（010）82106626
网　　　址　http://www.castp.cn
发　　　行　各地新华书店
印　刷　者　北京富泰印刷有限责任公司
开　　　本　710 mm×1 000 mm　1/16
印　　　张　9.75
字　　　数　200 千字
版　　　次　2020 年 1 月第 1 版　2020 年 1 月第 1 次印刷
定　　　价　54.00 元

《蔬菜产业机械化技术及装备》

编 委 会

主　　任　杨立国

副 主 任　秦　贵　宫少俊　张京开　李小龙　赵景文

　　　　　张　岚　熊　波

委　　员　（以姓氏笔画为序）

　　　　　马继武　王立成　王尚君　方宽伟　刘　旺

　　　　　李治国　李珍林　宋爱敏　张武斌　张艳红

　　　　　张　莉　陈建民　赵丽霞　赵铁伦　禹振军

　　　　　秦国成　徐岚俊　郭连兴　崔　皓　麻志宏

编写人员

主　　编　杨立国　赵景文

参编人员　（以姓氏笔画为序）

　　　　　马继武　马超辉　刘晓明　闫子双　孙梦遥

　　　　　李　凯　李治国　李盼盼　宋爱敏　张传帅

　　　　　张武斌　张艳红　张桂琴　郭建业　郭　翼

　　　　　曹玲玲　韩　勇　潘张磊

前　言

农业机械化是实施乡村振兴战略的重要支撑，没有农业机械化就没有农业农村现代化。习近平总书记指出，要大力推进农业机械化、智能化，给农业现代化插上科技的翅膀。

改革开放 40 年来，我国的农业机械化伴随着社会的发展取得了长足进步，为保障粮食安全、促进农业产业结构调整、加快农业劳动力转移、发展农业规模经营、发展农村经济、增加农民收入等方面提供了有力的支撑。

为进一步提高我国的农业农村机械化水平，更好的服务乡村振兴战略和美丽乡村建设，提升现代农业发展的高精尖水平。在北京市农业农村局的指导下，北京市农业机械试验鉴定推广站组织编写了《现代农业机械化技术》系列丛书。本丛书涵盖了农业产业和农村发展亟需的粮经、蔬菜、养殖、生态、农机鉴定和社会化服务组织管理六大方面农机化专业知识，在编写中注重"融合、支撑、创新、服务"理念和"生产、生态、生活、示范"功能，以全面服务农机科研主体、农机生产主体、农机推广主体、农机应用主体为目标，用通俗易懂的语言、形象直观的图片、实用新型的技术以及最新的科技成果展示，力求形成一套图文并茂、好学易懂、易于实践的技术手册和工具书，为广大农民和农机科研、推广等从业者提供学习和参考资料。

目 录
CONTENTS

1 第一章

育苗机械化技术

第一节　基质处理机械化技术

基质是无土栽培的重要载体，既支持、固定植株，又承载着植株生长所需要的营养成分。基质种类很多，常用的无机基质有蛭石、珍珠岩、岩棉、沙、聚氨酯等；有机基质有泥炭、稻壳炭、树皮等。针对育苗基质而言可直接购买所需要的育苗基质，也可以购买育苗基质原料，然后按照育苗需求进行调配混合制作育苗基质（图1-1，图1-2）。

图1-1　各种育苗基质

图1-2　搅拌均匀的基质

一、技术内容

搅拌机可以用来搅拌调匀基质原料，搅拌机的结构形式多种多样，按工作方式可分为连续式和分批式；按配置形式可分为立式和卧式；按工作部件又可分为螺旋式、螺带式、桨叶式和转仓式等。

本节主要介绍育苗基质双轴卧式搅拌机技术，双轴卧式基质搅拌机可以把不同的基质原料按一定的比例混合搅拌均匀，满足育苗需要。

二、装备配套

（一）双轴卧式搅拌机结构

双轴卧式搅拌机主要由两根搅龙、定刀、箱体、出料口等部分组成。两根水平布置的搅龙是搅拌机的主要工作部件，电机传递动力通过搅龙轴带动螺旋套筒旋转；在搅龙的螺旋套筒上焊接有螺旋叶片，其螺旋叶片上安装有可拆卸的星形刀片；料箱箱体内两搅龙之间有一横梁，横梁边缘均匀分布安装有可拆卸定刀，利用星形刀片与定刀之间相对运动形成剪切面，可实现对基质剪切加工（图1-3）。

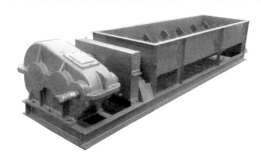

图1-3 双轴卧式搅拌机

图1-4 左、右旋向搅龙

按照搅龙在螺旋套筒上螺旋叶片的盘绕方向不同，可将搅龙分为左旋和右旋两种。双轴卧式搅拌机两搅龙为两段不同旋向的螺旋叶片，实现了混合基质各组成成分剪切、揉搓并均匀混合（图1-4）。

（二）双轴卧式搅拌机混合原理

双轴卧式搅拌机采用叶片对中双搅龙螺旋，实现基质轴向水平搅拌和沿圆周搅拌等多向混合过程。在基质搅拌过程中，混合基质在搅龙螺旋叶片的作用下，物料从料箱两端同时向搅拌机中间位置成螺旋线状向前运动，即在轴向水平输送的同时伴随着圆周方向的翻滚运动。两根反向旋转的搅龙轴带动两搅龙螺旋叶片相对旋转运动，使混合基质实现切向和轴向的复合运动。搅龙叶片上均匀分布的动刀与两搅龙轴中间安装的定刀相对运动形成剪切面，从而对黏块基质进行剪切和揉搓。随着双螺旋搅龙的不断旋转，料厢内搅龙两端在螺旋叶片的作用下向搅龙中间段运动，当搅龙中间段物料堆积到一定高度时形成上下落差，由物料自重克服摩擦力与内聚力而自由落下，或沿基质混合搅拌机内壁向下滑移，形成扩散。落下的基质又与料箱底部基质混合，混合基质在轴向翻滚运动，形成交叉混合运动，实现了混合基质在料箱内的对流和挤压，从而使粒度、质量及含水率差别较大的不同种基质在料箱内充分混合。两搅龙轴旋转工作时，基质在料箱内实现了三维空间立体轮回多循环搅拌运动，并在不断被剪切、揉搓、扩散搅拌作用下快速均匀混合，使基质搅拌更均匀。

（三）双轴卧式搅拌机特点

双轴卧式搅拌机的主要特点：① 搅拌时间短；② 进料快，便于与前段生产设备连接，方便生产布局；③ 排料速度快。所以卧式搅拌机的应用非常广泛，适合于多种基质物料的混合，搅拌，作业无死角。

三、操作规程

（1）搅拌机的停放位置应选择平整坚实的场地，搅拌机安装平稳牢固。

（2）作业前检查搅拌机的转动情况是否良好，安全装置、防护装置等均应牢固可靠，操作灵活。

（3）基质搅拌机启动后先经空机运转，检查搅拌机是否运行正常，一切正常方可进行下一步。

（4）操作中，应观察机械运转情况，当有异常或轴承温度升高等现象时，应停机检查；操作中如发生故障不能运转需检修时，应先切断电源，将搅拌料斗内基质倒出，进行检修排除故障。不得用工具撬动等危险方法，强行机械运转。

（5）搅拌机的搅拌叶片与搅拌料斗底及侧壁的间隙，应经常检查并确认符合规定，当间隙超过标准时，应及时调整。当搅拌叶片磨损超过标准时，应及时修补或更换。

（6）搅拌机的料斗内不能进入杂物，清除杂物时必须停机进行。

（7）基质搅拌机运转中，不得用手或木棒等伸进搅拌料斗内或在料斗口清理基质。

（8）工作完毕后关闭搅拌机，并关闭搅拌机总闸。然后将搅拌机清洗干净，清理时不得使电机及电器受潮。

四、质量标准（作业）

（1）设备配套的零部件和结构应便于安装、使用维护并确保安全。

（2）设备工作时混合工作区噪声不大于 85dB（A）。

（3）电控装置安有防热、防潮等保护装置。

（4）设备搅拌混合均匀度大于80%。

（5）搅拌工作室内排料后自然混合基质残留量低于3%。

（6）设备使用可靠性大于95%。

第二节　育苗播种机械化技术

一、技术内容

培育健壮的秧苗是蔬菜生产的重要环节，秧苗的质量直接影响到后期的嫁接和移栽效果，甚至影响到后期秧苗长势和收获。穴盘育苗是目前蔬菜生产较常用的育苗方式，一般指用长540mm、宽280mm、内有50~288个有梯度方形孔穴的塑料盘进行育苗。先将混合调配好的基质填充到穴盘孔穴内，然后在孔穴基质中心处压上深浅一致的窝眼，每个窝眼点播一粒种子，再覆盖上顶层基质，最后浇水，完成育苗播种作业（图1-5~图1-8）。

（1）穴盘基质填充要紧实，与穴盘面一致。

（2）穴盘每个孔穴基质上压制的窝眼要居中且深浅一致。

（3）穴盘每个孔穴基质窝眼内播种一粒种子。

（4）顶层基质覆盖均匀，浇水适量。

图1-5　穴盘

图1-6　基质填充

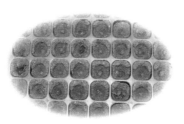

图1-7　基质压穴

图1-8　播种

二、装备配套

育苗播种机械化技术就是指以机械作业的方式完成穴盘播种环节作业或从穴盘基质填充到浇水全过程机械化作业。育苗播种机械化设备按穴盘播种原理分机械式和气力式；按穴盘播种结构分为针式、板式、滚筒式等。下面主要介绍气吸盖板式穴盘育苗播种机和气吸针式穴盘育苗播种生产线。

（一）气吸盖板式穴盘育苗播种机

气吸盖板式穴盘育苗播种机只完成穴盘播种环节作业，该机主要由机架、真空系统、吸孔播种盘组成。其结构简单，价格低，操作方便（图1-9）。

工作时，把已填充基质压窝的穴盘放在固定工位上，可动播种盘配备好与穴盘相应孔穴的吸孔播种盘，使吸孔播种盘内形成真空，在种盘内吸附种子，然后使吸孔播种盘对应好固定工位上的穴盘，此时，再使吸孔播种盘内形成正压，释放吸附的种子落入穴盘压窝内，达到育苗播种的目的。气吸盖板式穴盘育苗播种为间歇式作业形式，一次完成一个穴盘育苗播种。

盖板式穴盘育苗播种机的吸孔播种盘根据穴盘规格以及种子的形状、大小配有不同型号的播种模板，作业

图1-9 气吸盖板式穴盘育苗播种机

时根据需要进行选配，能够适应绝大多数蔬菜品种育苗要求，但对于过小种子播种精度不高。

（二）气吸针式穴盘育苗播种生产线

气吸针式穴盘育苗播种生产线可完成穴盘基质添加刮平、压窝眼、播种、覆盖顶层基质、浇水作业。该流水线主要由基质添加组件、压窝眼组件、播种组件、覆土组件、浇水组件五大部分组成，通过输送带连接成育苗播种流水作业生产线（图1-10）。

工作时，由人工将空穴盘放置在输送带上，基质由提升链耙从基质料箱提升至基质添加漏斗内。当空穴盘移动到基质添加漏斗下方时，系统会自动检测定

位，使基质添加漏斗自动打开，在穴盘移动的过程中加满基质，同时在穴盘移动过程中压实、刮平基质，完成穴盘基质填充作业。

填充好基质的穴盘随输送带移动到压窝眼组件下方，系统自动检测定位，根据穴盘规格自动对中每排孔穴中心线，窝眼压头按设定窝眼深度整排压制窝眼，穴盘按每排孔穴距离步进，窝眼压头逐排压制直至整个穴盘压制完。

压好窝眼的穴盘随输送带移动到针式播种部件下方，系统自动检测定位，根据穴盘规格每排孔穴窝眼自动对准导种管，利用真空泵或空气压缩机使针管内产生真空度，利用吸针将种子从种箱中吸附起来，利用传动机构将吸针移至穴盘上方导种管，再切断气路，种子在重力作用下掉落至导种管滑入穴盘中，实现播种。该类排种机构可实现每次播种单粒种子的精密播种，作业可靠性高，作业效率较高，调整真空度和吸针孔直径可适应不同大小种子；但由于吸附时吸针会对种子产生冲击，容易造成种子损伤。

播种好的穴盘随输送带移动到覆土组件下方，系统自动检测定位，使覆盖基质添加漏斗自动打开，在穴盘移动的过程中均匀覆盖顶层基质。

覆盖好顶层基质的穴盘随输送带移动到喷淋区域，系统自动检测定量浇灌播种穴盘，完成穴盘育苗播种从基质添加到浇水全过程自动化生产作业。

气吸针式穴盘育苗播种生产线集穴盘运输、基质装填压实、压窝眼、播种、覆土、浇水等于一体，自动化程度高，生产效率高，工人劳动强度低。设备造价较贵，适用于规模化、集约化、工厂化作业，如果生产规模小则其经济性不高。

图 1-10　气吸针式穴盘育苗播种生产线

三、操作规程

（一）气吸盖板式穴盘育苗播种机

（1）播种机位置应选择平整坚实的场地，安装平稳牢固，保证播种托盘呈水平放置。

（2）作业前检查安全装置、防护装置等是否牢固可靠；检查气泵、播种机运行状况是否良好，操作是否灵活。

（3）根据育苗使用穴盘的规格，选择合适的播种吸盘，安装调试好。

（4）根据播种种子的深度要求，调整播种深度。

（5）准备好育苗穴盘，然后将气泵开关打开，气压需要维持在 0.6~0.8MPa。

（6）打开播种机气动阀进行播种、将种好的穴盘放到一旁待铺顶层基质。

（7）播种过程中要时刻观察气针是否堵住，若堵住了必须及时疏通。

（8）若出现吸种多粒或不吸种子情况，可通过调节震动大小、托盘和针头距离、吸力大小进行调剂。

（9）作业完毕后，将播种机清理干净，关闭电源，恢复原状。

（10）定期清理播种机空气滤芯，定期维护和保养，确保机器正常运行。

（二）气吸针式穴盘育苗播种生产线

（1）将播种机组合体（铺土机、播种机、覆土机）摆放在一个结实、平整的地面上，形成一条直线的组合体。

（2）检查安全装置、防护装置等是否牢固可靠；接通电源，检查气泵、播种机运行状况是否良好，操作是否灵活。

（3）根据使用的穴盘规格选配相应的播种盘，把适合相应种子的针头装在针排的吸嘴（按表选配吸嘴）上，并安装调试好。

（4）将适量的种子放入种子盘内，盘内种子厚度应与针头下部持平为宜。

（5）打开空气压缩机开关，调整箱体内的气源减压阀，调整压力为 0.6~0.65Mpa。

（6）种子震动调整：慢慢转动震动调整旋钮，使种子盘内的种子开始震动（注意不要使震动幅度过大，以免种子震到盘外）。调整机架四腿的底部盘旋螺栓，使种子盘内的种子保持平衡状态。

（7）真空度调整：慢慢的转动"真空度"调整按钮，直到所有针头都能顺利吸起种子（"真空度"应根据种子的不同、针头的大小来调整，一般应在3~5个压力）。

（8）落种压力调整：慢慢的转动"落种"调整旋钮，其压力应在0.2~0.5Mpa之间（注意：压力过大会使种子溅出穴盘的穴孔）。

（9）工作时，在铺土机料斗中加入基质肥料；播种机种子盘内放入适量种子；覆土机料斗内加入珍珠岩；打开电流开关；气源开关；整条流水线进入工作状态。将穴盘从铺土机的右端放到传送带上（可连续放盘），当穴盘移动至料斗下方时，红外线开关启动，料斗开始下料（下料多少可通过电机调节进行调整），通过铺土装置后，穴盘平整的进入播种机的打穴机构，并准确无误的将穴孔打完。当穴盘从播种机下面出来时，播种机机构已将每粒种子放入穴孔之内，当穴盘进入覆土机时，红外线开关启动，开始覆土、刮平，经过计盘器计数，将播完种子的穴盘取下，完成每盘穴盘的播种工作。

（10）若出现吸种多粒或不吸种子情况，可通过调节种盘震动大小、气针压力大小，种量多少等进行调剂。调整过程中注意安全。

（11）作业完毕后，将播种机清理干净，关闭电源，恢复原状。

（12）定期清理播种机空气滤芯，定期维护和保养，确保机器正常运行。

四、质量标准（作业）

育苗播种机的播种质量直接影响着蔬菜的产量，播种质量高、运行稳定的育苗播种机是现代设施农业发展的需要。

（1）播种合格率大于等于95%，即一穴一种子，漏播和重播率小于5%。

（2）穴盘基质添加紧实不板结。

（3）压窝眼居中且深浅一致。

（4）覆盖顶层基质均匀。

（5）吸针对种子的破损小于1%。

第三节　育苗嫁接机械化技术

一、技术内容

嫁接，是植物的人工繁殖方法之一。即把一种植物的枝或芽，嫁接到另一种植物的茎或根上，使接在一起的两个部分长成一个完整的植株。嫁接的方式分为枝接和芽接。嫁接是利用植物受伤后具有愈伤的机能来进行的。

蔬菜嫁接是将准备繁殖的具有优良性状的蔬菜植物体营养器官，接在另一株有根植物的茎上，使两者愈合生长，形成新的独立蔬菜植株的方法。嫁接所用的优良植物的营养器官叫接穗，接受接穗的有根的植物叫砧木，用嫁接的方法培育出的秧苗叫嫁接苗。嫁接蔬菜育苗具有以下特性。

（1）增强蔬菜抗病能力。如用黑籽南瓜嫁接的黄瓜，可有效地防治黄瓜枯萎病。

（2）提高蔬菜耐低温能力。由于砧木根系发达，抗逆性强，嫁接苗明显耐低温，如用黑籽南瓜嫁接的黄瓜在低温下根的伸长性好。

（3）有利于克服连作危害。黄瓜根系脆弱，忌连作，如用黑籽南瓜嫁接黄瓜后，可以大大减轻土壤积盐和有害物质的危害。

（4）扩大了根系吸收范围和能力。嫁接后的植株根系比自根苗成倍增长，在相同面积上可比自根苗多吸收氮钾30%左右，磷80%以上，且能利用土壤深层中的磷。

（5）有利于提高产量。嫁接苗茎粗叶大，可使产量增加4成以上。番茄用晚熟品种作砧木，早熟品种作接穗，不仅保留了早熟性，而且可以大大缩小结果期，提高总产量。

根据蔬菜品种的不同，嫁接方法也不同，常用的主要是靠接法、插接法和劈接法等几种。

（1）靠接法主要采取离地嫁接法、操作方便，同时蔬菜和砧木均带自根，嫁

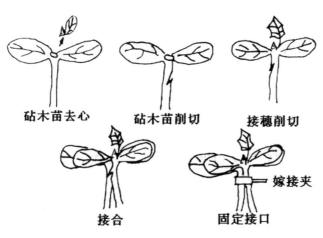

图1-11　靠接法嫁接示意

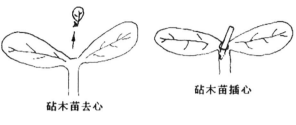

砧木苗去心

砧木苗插心

接穗苗削切

插接

图 1-12　插接法嫁接示意

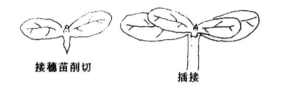

半劈接法

全劈接法

图 1-13　劈接法嫁接示意

接苗成活率也比较高。靠接法的主要缺点是嫁接部位偏低，防病效果较差，主要用于不以防病为主要目的蔬菜嫁接，如黄瓜、丝瓜、西葫芦等（图 1-11）。

（2）插接法的嫁接部位高，远离地面，防病效果好，但蔬菜采取断根嫁接，容易萎蔫，成活率不易保证，主要用于以防病为主要目的的蔬菜嫁接，如西瓜、甜瓜等。由于插接法插孔时，容易插破苗茎，因此苗茎细硬的蔬菜不适合采用插接法（图 1-12）。

（3）劈接法的嫁接部位也比较高，防病效果好，但对蔬菜接穗的保护效果不及插接法的好，主要用于苗茎细硬的蔬菜防病嫁接，如茄果类蔬菜嫁接（图 1-13）。

二、装备配套

育苗嫁接机械化技术是指以机械作业的方式完成蔬菜秧苗嫁接，按自动化程度，可分为全自动嫁接机、半自动嫁接机、手动嫁接机。全自动嫁接机是指嫁接过程全程自动化，包括供苗、切削、嫁接、排苗等过程。半自动嫁接机是指部分嫁接过程的自动化，主要是嫁接动作的自动化实现，供苗或其他过程还需要人工辅助进行。而手动嫁接机是指嫁接动作需要手动完成，而其他辅助过程部分采用机械完成，如切削等过程。按嫁接实现方法分，自动嫁接机可分为靠接法自动嫁接机、插接法自动嫁接机等。

单人供苗自动化蔬菜靠接法嫁接机系中国农业大学研制开发，实现了砧穗木的取苗、切削、接合、嫁接夹固定、排苗作业的自动化。其主要由接穗供苗台、砧木供苗台、接穗夹持搬运机构、砧木夹持搬运机构、旋转切苗机构、自动送夹机构、排苗输送带、控制系统、气源等部件组成（图1-14）。

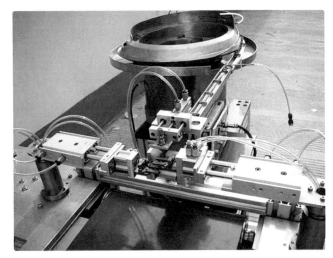

图1-14　自动化蔬菜靠接法嫁接机

工作时，首先将砧木苗从育苗盘中取出放入砧木供苗台上，随即旋转供苗台机械手夹住砧木苗并旋转180度，将砧木幼苗提供给砧木夹持搬运机构，砧木夹持搬运机构夹住砧木幼苗送至旋转切苗机构。同样，将接穗苗从育苗盘中取出放入接穗供苗台上，随即旋转供苗台机械手夹住接穗苗并旋转180度，将接穗幼苗提供给接穗夹持搬运机构，接穗夹持搬运机构夹住接穗幼苗送至旋转切苗机构，完成了砧木和接穗供苗和取苗作业。

当确认砧木和接穗苗都处在待切位置时，切刀旋转，砧木切刀把砧木生长点的一片子叶切断，砧木形成了一个斜面切口；另一把刀把接穗苗的根部切掉，接穗也形成一个斜面切口，完成了砧木和接穗的切苗作业。

随后砧木和接穗的夹持机械机构一同伸出，将砧木和接穗的斜面切口贴合在一起，随即自动送夹器排出一个开口的嫁接夹夹紧砧木和接穗的贴合处，使砧木和接穗固定在一起，就完成了砧木和接穗嫁接作业。

最后夹持机构将嫁接好的秧苗送入排苗输送带送出。

整个工作过程由一人操作完成，人工只负责将砧木苗放入砧木供苗台，把接穗苗放入接穗供苗台即可，其他旋转取苗、切削、接合、嫁接夹固定、排苗等作业均自动完成。操作简单，效率高。熟练的操作人员操作其嫁接效率可达400株/h，成功率可达95%。

三、操作规程

（1）嫁接机位置应选择平整坚实的场地，安装平稳牢固，调至水平位置。

（2）作业前检查安全装置、防护装置等是否牢固可靠；检查运行状况是否良好。

（3）砧木上苗、切削，接穗上苗、切削，砧穗对接、上夹，完成嫁接。

（4）作业完毕后，清理干净，关闭电源。

（5）定期维护和保养，确保机器正常运行。

四、质量标准（作业）

（1）可适用柔嫩、易损和多形状蔬菜幼苗。如西瓜、甜瓜、黄瓜等瓜果类蔬菜苗的自动化嫁接作业。

（2）嫁接速度达到 500~800 株/h。

（3）嫁接成功率达到 95%。

2 第二章

耕整地机械化技术

第一节　平地机械化技术

适用于播种前的农田表面精细平整和种床条件的改善，也可用于复垦荒地，改善农田耕层等。

日光温室和塑料大棚蔬菜生产，由于单体种植面积小，相对较平整，一般不需要机械化平地，只有相对地块较大的露地蔬菜种植，由于多年雨水和漫灌冲刷，造成表层土壤的流失，形成地表不平，一般 3~5 年需要进行一次机械化平地作业，目前应用最多是激光平地技术（图 2-1）。

图 2-1　激光平地作业

一、技术内容

激光平地技术是目前世界上最先进的土地精细平整技术。它利用激光束平面取代常规机械平地人眼目视作为控制基准，通过伺服液压系统操纵平地铲运机具工作，完成土地平整作业。无论田面地形如何起伏，受控于激光发射和接收系统，控制器始终指挥液压升降系统将铲运刀口与激光控制平面间的距离保持恒定。平地精确度比常规平地作业精确度高 10~50 倍。

适用范围：该技术可用于播种前的农田表面平整和改善种床条件，也可用于复垦荒地，改善农田耕层等。

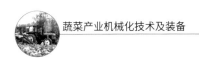

二、装备配套

工艺流程：旋耕或翻耕→粗平→激光平地→深松→旋耕→播种。

（一）654 拖拉机配套旋耕作业

在进行激光平地机械化作业前应用旋耕机械化技术浅旋土壤，疏松表土，粉碎耕地里的剩余根茬，加快秸秆还田速度，起到促苗早发、提高保苗率、减少作业次数、提高工效等作用。

（二）73.5kW 及以上拖拉机牵引激光平地作业

激光平地机的组成主要由激光发射器、激光接收器、控制箱、液压控制阀和平地机组成。

作业前准备如下。

（1）观察地形：作业前应观察需要平整地块的情况，哪边是上水，哪边是下水，什么样的土质，是否有障碍物等。

（2）建立激光平面：根据被刮平的场地大小确定激光发射器的位置，直径超过 300m 的地块，激光发射器大致放在场地中间位置；直径小于 300m 的地块，激光发射器放在场地的周边。待位置确定后，将激光发射器安装在三脚架上并调平，激光发射器的标高应处在拖拉机平地机组最高点上方 0.5~1.0m 的地方，以避免机组和操作人员遮挡住激光束。

（3）测量场地：利用激光接收器对地块进行普遍测量，绘制出地块的地形地势图并计算出平均标高。以这个平均标高的位置作为平地机械作业的基准点，就是平地机刮土铲铲刃的初始作业位置。

（4）平地作业：以铲刃初始作业位置为基准，调整激光接收器伸缩杆的高度，使发射器发出的光束与接收器相吻合，然后，将控制开关置于自动位置，即可开始平整作业。

三、操作规程

（1）选择激光平地机前，首先选择拖拉机，根据拖拉机的马力匹配平地机的平地铲，如 2m 以上的平地铲应选择 58kW 以上的轮式拖拉机。

（2）平地铲与拖拉机悬挂联接要牢靠，在作业中以防联接销脱落损坏液压油管，采用钢丝绳把平地铲和拖拉机进行联接。

（3）激光控制器要安装在驾驶员能够操作又很直观的位置。

（4）激光接收器安装在平地铲接收器杆上，高于拖拉机驾驶室即可，以免影响信号的接收。

（5）在需平整地块附近较高处架设激光发射器，发射器高度应超出拖拉机驾驶室100 mm左右，以免影响信号的接收。

（6）有条件的情况下制作一个方凳，把激光平地发射器支架固定在方凳上，降低支架的高度，以防遇到大风或震动使发射器支架晃动，造成发射器停止转动，使发射和接收信号停止，影响平地质量。

四、质量标准（作业）

激光调平技术在平地作业中可根据基准要求自动控制推土铲的高度。利用激光技术精密平地后，在100m范围内，误差小于10~20mm，使播种深度均匀，出苗整齐。

第二节　基肥撒施机械化技术

蔬菜生产底肥撒施主要包括有机肥、动物粪便、农家肥固体（包括面肥）和酒糟等。撒肥机是一种替代人力撒肥的理想设备，其效率是人工撒施的50倍以上，撒肥机根据机械的大小可为牵引式和自走式，牵引式多为与654以上拖拉机配套的大型撒肥机（主要用于大田撒肥）和中小型（自走式）撒肥机（主要用于设施撒肥），下面主要介绍设施用中小型自走式撒肥机。

一、技术内容

撒肥机械化技术是一种通过机械设备

图2-2　有机肥撒施作业

把发酵后的厩肥（包括堆肥）进行抛撒还田的新型农机技术。主要适用于耕前撒施底肥，耕后播种和草场、牧场的种肥撒播作业（图2-2）。

（一）作业田块要求

地块平整，无明显障碍物，土壤含水率15%~25%；机耕干道应满足农业机械双向通行要求，路面宽度为 4~8m。机耕支道应满足农业机械单向通行要求，路面宽度为 2~4m。机耕支道宜设在连片田块单元的长边，与排水沟渠协调一致，并设置必要的错车点和末端掉头点。

（二）操作人员要求

操作人员应技术熟练，掌握机具的工作原理、调整、使用和一般故障排除方法，并具有相应的驾驶证、操作证。

二、装备配套

2FJV-55 型履带式撒肥机，具有结构紧凑，适用范围广，作业效率高，使用可靠，抛撒均匀的特点。配套动力：14kW 汽油机，无级变速，行走方式：履带自走，行走速度：3~7km/h，肥箱容积：1.4m^3，转向机构：液压转向，撒肥幅宽：3~6m，输肥机构：链板刮肥，撒肥机构：圆盘式撒肥机构，外形尺寸：3300mm × 1300 mm × 1350mm（长 × 宽 × 高）。

机器启动后，动力分两部分输出，一部分输出直接驱动履带带动整机行走，一部分输出通过链轮传递控制输肥链板的转动，同时通过系列齿轮传动控制双圆盘的圆周运动。具体工作过程中，整机向前运动，输肥链板稳定输送肥料，通过手柄分级调整肥料板开口大小实现精准喂肥，当肥料落入圆盘时，整个肥料沿着圆盘做圆周运动，并沿固定的轨迹甩出，从而实现连续稳定精准均匀施肥。

稳定输肥：整个输肥机构由三根链条与若干埋刮板组成，埋刮板均匀分布在

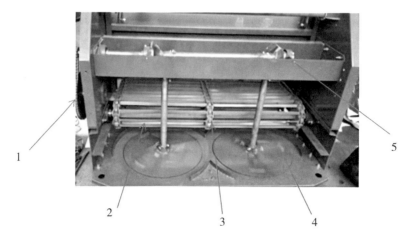

1.主动链轮；2.埋刮板；3.链条；4.圆盘；5.锥齿

图 2-3 撒肥机结构（1）

两链条之间，主要的工作过程为动力传送至主动链轮，通过传动轴带动链板做顺时针运动，埋刮板带动整个料斗内的肥料整体移动，实现稳定输送，通过链轮齿数改变调整链板转速（图2-3）。

精准喂肥：喂肥机构主要由手柄、肥料板，若干曲柄与摇杆组成，主要的工作过程为根据实际需要通过分级调节手柄控制肥料板的开口大小即肥料板最底端与输肥链条上表面的距离，手柄逐渐上调，开口越大，喂入量越多，此时肥料按照不同开口大小调节，将肥料精准喂入至撒肥机构（图2-4）。

6.肥料板；7.分级机构；8.手柄

图2-4　撒肥机结构（2）

均匀撒肥：撒肥装置由双圆盘、圆盘轴以及动力系统组成，主要的工作过程是动力通过系列齿轮以及两对锥齿之间的传动，从而带动圆盘轴转动，实现圆盘的圆周运动，主要靠更换齿轮改变齿数调整圆盘转速（图2-5）。

4.圆盘

图2-5　撒肥机结构（3）

勘察地块：①施肥前应认真勘察地块的情况，查看地表是否平整，是否有坑洼，若不能整平的应作好标志，检查土壤湿度，避免泥泞土壤。②根据地块情况划分作业小区并规划工作路线，划出机组地头转弯线，作出标志；小区宽度一般为作业宽幅的整数倍。

三、操作规程

（一）施肥作业

（1）正常作业前，先进行空转运行，运行顺畅后再装肥料进行试撒。试撒一个行程，检查肥料有无堵塞，撒肥是否均匀，幅宽是否满足要求，有无异响和异常振动，检查输送链是否正常，必要时进行调整。

（2）根据产品使用说明书要求确定施肥量和作业速度，按照事先划分的作业小区和行走路线，直线匀速行驶作业。

（3）注意观察肥箱内肥料量，到田头后如发现剩余量不够一个行程，需及时补充。

（4）机具在地头转弯时应切断后动力输出，并把行驶速度降低，且要在划好的地头线处及时转弯掉头。

（5）注意随时检查各部分工作情况和作业质量，发现问题，及时解决。

（二）安全注意事项

（1）检查与挂接。检查紧固部位、传动部位是否牢固、转动灵活，检查传动轴、轴承座、齿轮箱内、链传动等处润滑情况，加注相应润滑油。

检查安全防护装置和警告标志是否完好。

按照使用说明书要求对机具进行挂接。

（2）检查输肥机构、喂肥机构、撒肥机构及齿轮箱零件时必须切断动力，如需要更换零部件时，应将发动机熄灭，严禁在发动机未熄火时更换零部件。

（3）工作或运输时，禁止在施肥机上堆放重物或载人。

（4）工作时，机具后方禁止站人，机具前方要安装防护网，以防杂物伤人。

（5）工作中如发现不正常现象，应立刻停车检查，排除故障后方可继续工作。

四、质量标准（作业）

表 2-1 撒肥机作业质量指标

序 号	项 目	质量指标
1	作业幅宽 (m)	3~6
2	撒肥均匀度变异系数	≤ 40%
3	作业效率（亩 /h）	10~15
4	施肥量（kg/ 亩）	300~1 500

第三节 耕地机械化技术

耕地是种植生产的基础，耕地机械作业目的是改良土壤物理状况，提高土壤孔隙度，加强土壤氧化作用，调节土壤中水、热、气、养的相互关系，并消灭杂草病虫害等，为作物的种植和生长创造良好的土壤条件。耕地机械可分为露地和设施两部分机械，露地蔬菜耕地参考大田机械；设施蔬菜包括日光温室、大棚和连栋温室等，其中日光温室采用设施深耕机，大棚和连栋温室以及日光温室间露地均采用中小型拖拉机（354 大棚王）带旋耕机进行耕地作业等。

机械旋耕是以旋耕刀齿为工作部件与配套的动力驱动完成土壤耕、耙的作业方法，因其具有碎土强、耕后地表平坦等特点，而得到了广泛的应用。

一、设施深耕机

（一）技术内容

设施深耕技术是在传统微耕机的基础上，从动力和变速箱上加以改变，使发动机动力和扭矩加大，旋耕刀半径和作业幅宽增加，从而增加作业深度和提高作业效率。打破传统耕作长期留下的犁底层，增强土壤贮水能力、改善土壤板结、增加肥力、起到了杀菌和便于深根系蔬菜生长的目的，有利于设施农业向都市农业和生态农业可持续方向的发展。

（二）装备配套

小牛 868N 型设施深耕机，配套动力为 5.5kW 汽油机，采用独立的传动系统和行走系统，配套旋耕刀，耕深：150~250mm，耕宽：1.05~1.10m，可完成设施内耕整地作业，其结构紧凑，重量轻、重心低，通用性好，扶手在垂直方向和水平方向内皆有多个位置可调（图2-6）。

图 2-6　设施深耕作业

（三）操作规程

（1）驾驶员应穿戴适当的帽子及工作服，并注意衣服、头发、毛巾等不能卷入机器内。

（2）启动发动机时，应先使离合器处于分离状态，并把变速杆放在空挡位置。

（3）倒车时，操作者身后必须保持足够的后退空间，并严禁用大油门倒车。

（4）检修调整及排除卷草时，应先停止发动机，然后进行处理。

（5）每次完成作业后，应检修保养机件，以便下次作业顺利进行。

（四）质量标准（作业）

作业深度 ≥ 150mm，作业效率 ≥ 0.7亩（1亩 ≈ 667m^2。全书同）/h，碎土率 ≥ 80%，耕深稳定性 ≥ 85%，无漏耕，耕宽：在1.05~1.10m，可实现日光温室内深耕作业。

二、大棚王354拖拉机配套旋耕机

（一）技术内容

机械旋耕是利用拖拉机为动力配套旋耕机对表面僵硬土层的破土、碎土作业，为后续的起垄、种植作业做准备，以便更好地提高种植效果；因为人工翻地劳动强度大、作业效率低，现机械旋耕已基本取代人工翻地。

（二）装备配套

1GQN-130型旋耕机，配套动力25.7kW

图 2-7　人棚旋耕作业

大棚王拖拉机，作业深度 150~250mm，耕宽：1.30m，生产率：2~4 亩/h，可实现设施及露地深耕作业（图 2-7）。

（三）操作规程

（1）驾驶员应穿戴适当的帽子及工作服，并注意衣服、头发、毛巾等不能卷入机器内。

（2）每次完成作业后，应检修保养机件，以便下次作业顺利进行。

（3）检修调整及排除卷草时，应先停止发动机，然后进行处理。

（四）质量标准（作业）

配套 25.7kW 大棚王拖拉机，作业深度 ≥ 150mm，作业效率 ≥ 2 亩/h，碎土率 ≥ 80%，耕深稳定性 ≥ 85%，无漏耕，可实现塑料大棚及棚间露地旋耕作业。

第四节　整地机械化技术

蔬菜种植中的整地，是在耕旋环节作业的基础上，针对不同作物的种植对土地进一步的精细整理，以达到蔬菜种植的土地整理农艺要求。本文重点介绍设施内使用的中、小型拖拉机配套起垄机。

一、技术内容

整地起垄其目的是便于灌溉、排水、播种、移栽及田间管理。起垄的垄型规格视当地气候条件、土壤条件、地下水位的高低及蔬菜品种而异。

中、小型起垄机适用在设施大棚和小地块进行蔬菜精整地复式作业。一般用 22.1~29.4kW 拖拉机作为配套动力，配套起垄机完成起垄作业，垄宽一般 700~800mm，垄高 150mm（图 2-8）。

二、装备配套

1ZKNP 型起垄机，采用低地隙 22.1~29.4kW 拖拉机为配套动力，该机装有液压偏置装置，机具采用悬挂式，便于控制垄型，起垄高度、宽度可调，大大提高了劳动生产率。起垄高度 100~150mm，垄底宽：0.9~1.1m，

图 2-8　大棚起垄作业

21

垄顶宽：0.75~0.95m，垄距 1.25~1.5m，起垄数单垄，生产率：2~3 亩 /h。

三、操作规程

作业时土壤绝对含水率为 15%~25% 时能正常工作。超出适用范围，有可能导致作业性能下降，机器使用寿命缩短。

（1）驾驶员应穿戴适当的帽子及工作服，并注意衣服、头发、毛巾等不能卷入机器内。

（2）启动前认真检查机械各部位以及安全装置是否符合安全规定；启动发动机时，应先使离合器处于分离状态，并把变速杆放在空挡位置。

（3）倒车时，操作者身后必须保持足够的后退空间，并严禁用大油门倒车。

（4）检修调整及排除卷草时，应先停止发动机，然后进行处理。

（5）每次完成作业后，应检修保养机件，以便下次作业顺利进行。

四、质量标准（作业）

要求旋耕作业为深层松动、中间松暄、表土细平的立体结构型土壤，起垄垄形完整，垄面平整略有压实，为蔬菜瓜果栽植或播种创造优良的苗床和种床，有利于秧苗成活和种子发芽生长。

作业质量符合 DB11/T654-2009 的标准要求，垄形一致性 ≥ 95%，邻间垄垄距合格率 ≥ 80%。

第五节　联合作业机械化技术

设施蔬菜种植由于受棚室结构限制，机械化程度相对较低，作业环节多，作业机具单一。本文介绍一种旋耕起垄一体机，一次进地可完成旋耕、起垄两个作业环节的机械作业，减少了机具进地次数，提高作业效率。

一、技术内容

整地起垄其目的是便于灌溉、排水、播种、移栽及田间管理。起垄的垄型规格视当地气候条件、土壤条件、地下水位的高低及蔬菜品种而异。

旋耕、起垄一体机是利用旋耕刀轴和齿耙（丁齿）轴（辊筒）对土地进行旋耕碎土、丁齿细土、推压整平作业，使垄面形成 50~80mm 的碎（细）土层，并通过成型板对垄面进行镇压成型，达到了蔬菜、瓜果秧苗移栽或播种不同于一般粮食作物种植农艺上对土地耕整的特殊要求。

二、装备配套

1GZV800 型起垄机，采用低地隙 22.1~29.4kW 拖拉机为配套动力，该机装有液压偏置装置，旋耕幅宽 1m，耕深 150~200mm，起垄高度 150~200mm，垄顶宽 0.75~0.95m，垄距 1.25~1.50m，起垄数单垄，生产率 2 亩/h（图 2-9）。

图 2-9 旋耕起垄联合作业

三、操作规程

作业时土壤绝对含水率为 15%~25% 时能正常工作。超出适用范围，有可能导致作业性能下降，机器使用寿命缩短。

(1) 驾驶员应穿戴适当的帽子及工作服，并注意衣服、头发、毛巾等不能卷入机器内。

（2）启动发动机时，应先使离合器处于分离状态，并把变速杆放在空挡位置。

（3）倒车时，操作者身后必须保持足够的后退空间，并严禁用大油门倒车。

（4）检修调整及排除卷草时，应先停止发动机，然后进行处理。

（5）每次完成作业后，应检修保养机件，以便下次作业顺利进行。

四、质量标准（作业）

机器旋耕作业为深层松动、中间松壃、表土细平的立体结构型土壤，起垄垄形完整，垄面平整略有压实，可为蔬菜瓜果栽植或播种创造优良的苗床和种床，有利于秧苗成活和种子发芽生长。

作业质量符合 DB11/T 654—2009 的标准要求，耕深 150~200mm，起垄宽度和高度符合机具技术指标要求，垄形一致性 ≥95%，邻间垄垄距合格率 ≥80%。

第三章

种植机械化技术

第一节 移栽机械化技术

蔬菜移栽：一般是指将蔬菜秧苗移栽到耕地的过程，通过育苗与移栽作业，有助于促进蔬菜提前上市，提升复种指数，便于苗期统一管理，提升标准化生产水平，有效对抗苗期病虫害等方面优点。在北京，番茄、辣椒、茄子等茄果类，黄瓜、西瓜等瓜类，甘蓝、生菜等叶类，主要采用育苗移栽的种植方法。现阶段，蔬菜移栽还是以人工作业为主，栽植效率低且劳动强度大，栽植的株行距、栽植深度均匀性不好把握。

蔬菜移栽机：一般是指按照农艺生产要求，进行蔬菜移栽的农机装备。按照自动化程度，可以分为半自动移栽机和全自动移栽机；按照行走方式，可以分为自走式移栽机和牵引式移栽机；按照栽植器形式，可以分为钳夹式移栽机、导苗管式移栽机、挠性圆盘式移栽机和吊杯式移栽机。

发达国家蔬菜移栽设备的研究起步较早，技术水平、自动化程度也比较高，半自动蔬菜移栽机已经基本发展成熟，如意大利 FERRARI 公司 F-MAX 系列移栽机、法国 CM-REGERO 公司 R862、R908 型移栽机、韩国东洋公司蔬菜移栽机、日本井关 PVHR2 系列移栽机、日本久保田 2ZS 蔬菜（烟草）移栽机等。全自动移栽机也在快速发展，已经出现了意大利 FERRARI 公司的 Futura 系列全自动移栽机、英国 Pearson 全自动移栽机等。

国内蔬菜移栽机研发工作相对较晚，但伴随国内蔬菜产业快速发展及农业劳动力逐渐呈现相对紧缺态势，近年来相关技术攻关发展很快，装备水平大幅提升。已经形成多种类型蔬菜移栽机型，并在全国各地蔬菜生产中得以应用。常见的有导苗管式移栽机（如中国农业大学较早研制的 2ZDF 型半自动导苗管式移栽机）、吊杯式移栽机（如青州华龙、山东华兴和现代农装 2ZB 系列蔬菜移栽机）、链夹式移栽机（如南通富来威 2ZQ 系列移栽机）等。综合来看，国内移栽机仍还存在作业效果有待提升、辅助人员较多、综合效益不明显、生产制造水平及质量不稳定、农机农艺融合程度低等方面的情况。

一、吊杯式移栽机

（一）技术内容

吊杯式栽植机主要适合于栽植钵苗，它由偏心圆环、喂入爪、喂入盘、吊杯、导轨等工作部件构成。吊杯式栽植机能够在铺膜条件下进行栽植，移栽作业时，伴随移栽机前进，人工或投苗盘将秧苗依次放入吊杯中，在偏心圆盘的带动向下转动，利用吊杯下部的鸭嘴设计将地膜打开或在耕地上打穴，同时吊杯打开，秧苗自然掉落至栽植穴孔内，覆土轮覆土镇压，完成移栽（图 3-1）。

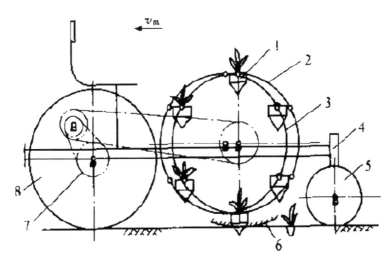

1.吊杯栽植器；2.栽植圆盘；3.偏心圆盘；4.机架；5.压密轮；6.导轨；7.传动装置；8.仿形传动轮

图 3-1 吊杯式栽植器示意

（二）装备配套

以 2ZB-2 型蔬菜移栽机为例，两行吊杯式蔬菜移栽机，可以实现蔬菜覆膜、铺滴灌管、移栽同时作业，主要由机架、投苗筒、栽植装置、驱动地轮、压实轮、铺膜装置等组成，如图 3-2 所示。利用人工将幼苗投入投苗筒中，投苗筒

依次将苗置入吊杯中，伴随拖拉机行进过程，逐步将苗栽植。

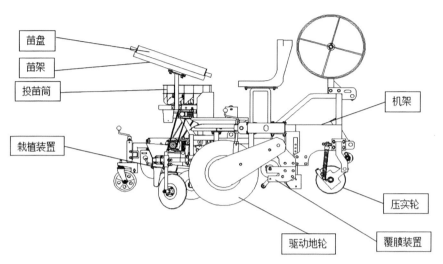

图 3-2　2ZB-2 型蔬菜移栽机结构

机具采用 18.4~29.4kW 拖拉机牵引作业，一次进地可完成两行蔬菜的栽植作业；半自动移栽，需要拖拉机机手 1 名，投苗员 2 名（坐在移栽机上进行投苗），栽植行距、株距、深度根据机具设计参数可调，栽植效率一般在 2 000~5 000 株 /h（图 3-3）。

图 3-3　机械移栽作业

（三）操作规程

（1）适宜吊杯式移栽机使用的合适秧苗：秧苗全株高 100~200mm；开展度不宜过大，以能正常在吊杯内掉落为宜；直立度好，秧苗基质或土坨散坨率低。

（2）适宜吊杯式移栽机应用的耕地：耕地含水率适宜，防止吊杯入土处积攒土壤；耕地平整，无大土疙瘩、石块。

（3）必须按使用说明书要求检查合格、保养后方可悬挂移栽作业。

（4）可以在塑料大棚内进行移栽作业，配套相应动力设备。

（5）作业时地头剪膜、压膜需待车完全停止后进行。

（6）检查或维修移栽机零部件时，必须停车后进行，以防伤害维修人员。

（7）由于移栽机需拖拉机牵引，整车车身长，因而要求驾驶员特别提高警惕，升降农具时后方不能站人，以防出现事故。

移栽效果见图 3-4。

图 3-4　移栽效果

二、链夹式蔬菜移栽机

（一）技术内容

链夹式栽植机由钳夹、栽植环形链、开沟器、镇压轮、传动链、地轮、滑道等部件组成。工作时，秧夹在链条带动下运动，栽植人员将秧苗放入张开的秧夹上，秧苗随秧夹由上往下平移进入滑道，借助滑道的作用迫使秧夹夹紧秧苗，同时秧苗的运动变为回转运动。秧夹转到与地面垂直时脱离滑道的控制而自动打开，秧苗则脱离秧夹垂直落入已开好的沟中。在秧苗接触沟底的同时，由镇压覆土轮覆土并压实，秧苗移栽完成。

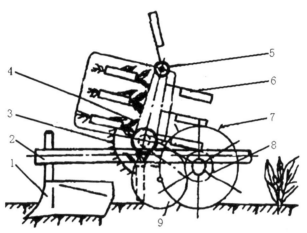

1.开沟器；2.机架；3.滑道；4.秧苗；5.移栽环形链6.钳夹7.地轮；8.传动链；9.镇压轮

图3-5　链夹式栽植机结构示意

（二）装备配套

以2ZL-4型蔬菜移栽机为例，可进行烟草、甘蓝、油菜等蔬菜移栽定植使用。机具采用44.1~51.5kW拖拉机牵引作业，一次进地可完成4行蔬菜的栽植作业；半自动移栽，需要拖拉机机手1名，投苗员4名（坐在移栽机上进行

图3-6　机械移栽作业

投苗），栽植行距、株距、深度根据机具设计参数可调，栽植效率一般在 8 000 株/h 以上（图 3-6）。

（三）操作规程

1. 秧苗条件

以穴盘苗为宜，穴盘圆形钵体直径不大于 45mm，方形钵体长度不大于 45mm。苗间根系无缠绕，起苗方便；常规培育的秧苗，高度 100~150mm、开展度不超过 130mm。秧苗健壮，直立无损伤；取苗及运输时，应防止钵体碎裂和秧苗损伤，同时应将秧苗放在阴凉处。

2. 整地条件

根据土壤性状采用相应的耕整地方式，作业深度 100~200mm；整地不起垄，土壤表面平整、土块细碎、土壤含水率不超过 25%。

3. 作业前准备

检查机具整体情况，选型 40.5~47.8kW 动力设备进行挂接，检查传动轮、栽植器、开沟器、覆土器的状态，调整移栽行距为 730mm、400mm、400mm、730mm，邻接行距 400mm，株距为 250mm，栽植深度为 40~60mm，依次检查各紧固件的紧固状态，按移栽机使用说明书开展其他作业前准备工作。

4. 空车试运转

启动发动机；检查和调整传动轮、栽植器等；按照使用说明书开展其他空车试运转；按照使用说明书带苗试插，检查行株距和栽插效果是否符合要求。

5. 移栽作业

按地块大小和形状设计移栽路径；使用北斗卫星自动驾驶系统，保证行间距以及移栽路径的直线性；根据作业路线的长度，在苗托盘上摆放至少足够栽植一幅的钵苗；地头转弯或倒车时，应停止栽植部工作，保证辅助作业人员离开机具，处于安全位置；操作人员放置穴盘苗应及时准确，防止漏栽；随时检查移苗栽植情况，如出现连续漏栽、伤苗、裸根、重苗等不符合要求情况出现，应暂停移栽，找明原因，并调整机具。机械移栽作业后效果见图 3-7。

6. 安全操作

作业时不应让无关人员靠近机器；运转过程中应随时注意周边情况，确保安全；检查、调整移栽机时应关停动力设备；操作人员安放苗体时应防止被链条夹伤；运送移栽机至地头应选用适宜的运输工具并固定牢靠；操作人员经培训合格后方可上机，上机操作应遵循使用说明书。

图 3-7 机械移栽效果

三、全自动移栽技术

（一）技术内容

PF2R 乘坐式全自动移栽机在进行两行作业时，可用单行回转臂驱动两个取苗器进行定点、定时、定位取苗，取苗器通过两个苗针对喂入到位的秧苗进行插土、夹持、提苗、回转移位、松土落苗等操作，落苗在开孔器上方，由鸭嘴式开孔器完成深度控制移栽，再用覆土滚轮对秧苗进行培土。整个过程操作简单，实现了全自动移栽。

（二）装备配套

以 PF2R 型蔬菜移栽机为例，可进行番茄、辣椒、卷心菜等蔬菜移栽定植使用，为自走式蔬菜移栽机，采用 MZ360 单缸风冷汽油机，一次进地可完成 2 行蔬菜的栽植作业；全自动移栽，需要控制机手 1 名，进行机具操作控制及加苗盘作业，栽植行距、株距、深度根据机具设计参数可调，栽植效率一般在 4 000 株 /h 左右（图 3-8）。

图 3-8 PF2R 乘坐式全自动移栽机

（三）操作规程

（1）适宜的秧苗：适应苗高在 40~100mm、叶龄 3 ~ 4 叶、盘根良好的叶茎类蔬菜钵体苗，采用专用穴盘进行育苗，育苗托盘尺寸（长 × 宽 × 高）为 590mm × 300mm × 44mm，孔径与孔数分别为 30mm/128 孔、25mm/200 孔两种可卷曲标准盘，穴盘耐卷曲，不易折。

表 3-1　PF2R 移栽机对秧苗的要求

作　物	白　菜	卷心菜	西兰花
叶数（枚）	3~4		2~3
株高（mm）	60~80	80~100	
苗盘大小	30mm/128 孔和 25mm/200 孔		
培养土	蔬菜培养土		
1 株重量	苗盘 25mm/200 孔：10~12g 苗盘 30mm/128 孔：14~20g		
1 株拔出力（g）	80~250		

（2）适宜的耕地：移栽泥面土块颗粒 ≤ 40mm、作业面无杂草、土壤含水率不大于 25% 的起垄或平地移栽。移栽定植操作见图 3-9。

种植形态 \ 适应田埂	移植田埂				备注
	垄间 L(cm)	条间 D(cm)	垄高 H(cm)	株间 P(cm)	
一垄一条种植 （同时两条种植）	60·65	— (60·65)	0~30	26~80	※两条田垄同时垒筑的时候，需要整形机器。
一垄两条种植	120~130	45·50·55· 60·65	0~30	26~80	

（3）发动机：包括钥匙开关、油门手柄、风门手柄、燃料开关及燃料加

油口。

（4）作业操作：移栽作业见图 3-10 所示。

方向盘：用于转弯的时候。方向盘向右打的时候，机体向右转；方向盘向左打的时候，机体向左转。此外，如果将方向盘向右或者向左打满，会切断转弯方向后轮的动力，转弯会很顺畅。

主变速手柄："移动"位置，在田间道路高速行驶时使用。请勿在田块内使用。否则有可能导致变速箱破损。"N"（中立·补苗）位置，切断传向车轮的动力，机体停止下来。仅仅在驱动栽植部分的时候使用。"前进"（田块内移动）位置，在移栽作业、田块内移动、卡车装卸、出入田块、在田间道路低速前进时使用。"后退"位置，使机体后退时使用。

变速踏板：移栽和移动时的行走速度的调节及停止行走时使用。踩下，加速行驶速度，变速箱变速为高速侧。放开，减慢行驶速度，停止，变速箱变速为低速侧，完全放开变速踏板的话，变速箱变速停止，机体会停下。

移植升降手柄：可以进行移植部分的升降、移植"开""关"的操作。"上"位置，抬高移植部分。"N"（中立）位置，可以将移植部分固定在任意的高度。"下"位置，降低移植部分。

液压锁止手柄：用于移动时、点检、整备等时候的固定，用来防止移植部下降。"停止"位置，停止移植部的升降用油压，即便将移植升降杆设置在移植升降（上）/（下）位置上，移植部也不会升降。"解除"位置，若将移植升降杆设置在移植升降（上）/（下）位置上，移植部就会升降。

制动器踏板：用于作业行驶中紧急停止时、停车时若踩下制动踏板，主离合器会停止，发动机传出的动力就不会传给变速箱。

驻车制动手柄，用于机器停车时，或者加苗时，将制动踏板踩到底，驻车制动手柄置在"锁止"位置，可停车制动。解除时，轻轻踩下制动踏板，驻车制动手柄就会返回到"解除"位置，驻车制动器会被解除。

差速锁踏板：用于越过田埂及田块内移动的情况下，前轮单侧的车轮打滑不好行驶的时候踩到底，前轮的左右车轴连接在一起，左右车轴的旋转相同，防止单个车轮空转导致的打滑。若继续踩下踏板，就会运行。离开，左右的连接会被自动解除。

栽植深度调节手柄：用于调节栽植深度时。栽植深度可以调节为 10 个阶段。"深植"侧，栽植深度会变深。"浅植"侧，栽植深度会变浅。

株距调节手柄：转动手柄可以调节任意株距，旋转到宽侧，可以将株距调节到宽侧，旋转到窄侧，可以将株距调节到窄侧。

图 3-10　机械移栽作业

四、质量标准（作业）

目前缺乏关于蔬菜移栽的相关国家及行业标准，参照《旱地栽植机械（JB/T 10291）》《油菜移栽机质量评价技术规范（NY/T 1924—2010）》等标准，结合具体生产经验进行介绍，以下参数供生产中参考。

（一）主要参数

（1）立苗率。

移栽后秧苗主茎与地面夹角不小于 30° 的株数占秧苗实际移栽株数（不含漏苗、埋苗、倒伏、伤苗的株数）的百分比。

$$L=\frac{N_{LM}}{N} \times 100$$

式中：

L——立苗率，%；

N_{LM}——立苗株数，单位为株；

N——测定总株数，单位为株。

（2）埋苗率。

$$C = \frac{N_{MM}}{N} \times 100$$

式中：

C——埋苗率，%；

N_{MM}——埋苗株数，单位为株；

N——测定总株数，单位为株。

（3）伤苗率。

$$W = \frac{N_{SM}}{N} \times 100$$

式中：

W——伤苗率，%；

N_{SM}——伤苗株数，单位为株；

N——测定总株数，单位为株。

（4）漏栽率。

在检测中，根据相邻两株的株距（X_i）和理论株距（X_r）之间的关系确定漏栽株数。

当 $1.5X_r < X_i < 2.5X_r$ 时，漏栽 1 株；

当 $2.5X_r < X_i < 3.5X_r$ 时，漏栽 2 株；

当 $3.5X_r < X_i < 4.5X_r$ 时，漏栽 3 株。以此类推。

漏栽率按如下公式计算：

$$M = \frac{M_z}{N'} \times 100$$

式中：

M——漏栽率，%；

M_z——漏栽株数，单位为株；

N'——理论移栽株数，单位为株。

（5）株距变异系数

$$CV_x = \frac{S_x}{X} \times 100$$

式中：

CV_x——变异系数，%；

X——株距平均值，单位为厘米；

S_x——株距标准差，单位为厘米。

（6）栽植深度合格率

秧苗移栽的深度范围在理论栽植深度的 ±2cm 内，视为栽植深度合格。

$$H = \frac{N_h}{N'} \times 100$$

式中：

H——栽植深度合格率，%；

N_h——栽植深度合格的总株数，单位为株；

N'——理论移栽株数，单位为株。

（二）相关要求

（1）立苗率 ≥ 85%。

（2）埋苗率 ≤ 4%。

（3）伤苗率 ≤ 3%。

（4）漏栽率 ≤ 5%（该项指标受实际操作人员熟练度等因素影响较大）。

（5）株距变异系数 ≤ 25%。

（6）栽植深度合格率 ≥ 75%。

第二节　直播机械化技术

发达国家蔬菜播种机发展起步早、发展快、水平高，播种作业基本完成了机械化，在精量播种、作业稳定性等方面性能较好，并实现了专用化、成套化、系列化，发展趋势上播种机械逐步与耕整地机械或撒施肥机械进行联合作业。代表公司有德国哈西亚公司、意大利 Ortomec 公司、美国 Monosem 公司、韩国播兰特公司、日本矢崎公司等。

国内蔬菜播种农机装备技术发展起步较晚、但发展很快，目前国内有多家企业生产蔬菜播种机，用于叶类蔬菜的直接播种，有电动自走式、牵引式、手持式的，在一定程度上减轻了农民的劳动强度，提高了作业效率。大型播种机如中机美诺 2BJ-4/5 型气吸式精量播种机，可以播种胡萝卜、洋葱、番茄、油菜等；中小型蔬菜播种机如华弘机械等公司生产的小型设备，主要进行小圆粒种子播种。

一、机械式蔬菜播种机

（一）技术内容

机械式蔬菜播种机包括水平圆盘式、窝眼轮式等，利用排种器的孔型将种子从种箱中分离出来。以窝眼轮式蔬菜播种机为例，由发动机、底盘和电器、驱动轮、镇压轮、排种器、开沟器、传动机构、种子箱等部分组成，工作时，窝眼轮伴随播种机移动而转动，窝眼经过种箱时，蔬菜种子在重力及种子间接触力的作用下填满窝眼，经过排种器毛刷清种，每个窝眼保持 1~2 粒种子，在窝眼转向地面后，种子由于重力作用下落入开沟器所开沟内，经过覆土镇压，完成播种作业。

（二）装备配套

以 2BS-JT10 型精密蔬菜播种机为例，10 行窝眼式蔬菜播种机，可以实现蔬菜播种中开沟、播种、回土、镇压作业工序，在叶菜圆形小种上有较好的播种效果。机具采用立式冷风四冲程单杠发动机，需要机手 1 名，播种行数最大可设为10 行，可以更换不同的窝眼齿轮以满足不同蔬菜种子性状播种要求，可以通过调整开沟器深度改变播种深度，株距最小为 25mm 可调，播种效率高，在规模地块露地播种可达到 3~4 亩 /h；机具紧凑，可在日光温室、塑料大棚进行蔬菜播种作业（图 3-11，图 3-12）。

图 3-11　蔬菜播种机械作业

（三）操作规程

（1）选配播种轮。根据种子的大小选择播种轮，以恰好合适一穴所需的种子数能填入播种轮上的凹穴为准，根据播种盒盒盖上的凹穴进行判断。

（2）安装播种盒选好播种轮后，拆下机器上的播种盒换上播种轮，然后根据播种行距依次装上播种盒并固定。

（3）调节播种株距根据播种要求，通过更换不同传动齿轮，可以实现株距在25~510mm进行调整。

（4）调节播种深度。调节播种盒下方安装的开沟器，松动开沟器的固定螺栓可上升或下降开沟器，实现播种深度的调节。

（5）拆下辅助行走轮，启动发动机，合上行走离合、播种离合，调节油门可进行播种作业。

（6）正式播种前，先在地头试播10~20 m，观察播种机的工作情况，达到农艺要求后再正式播种。

（7）机器在转向过程中，为避免造成重播，浪费种子，可断开播种离合，单靠后轮进行转向操作。

（8）播种时经常观察排种器、开沟器、笼罩器以及传动机构的工作情况，如发现堵塞、黏土、缠草、种盒密封不严，及时予以消除。

（9）作业时种子箱内的种子不得少于种子箱容积的1/5；运输或转移到其他地块时，种子箱内不得装有种子，更不能压装其他重物。

（10）调节、修理、润滑或清除缠草等工作，必须在停车后进行。

图3-12　机械作业与人工作业对比效果

二、气力式蔬菜播种机

（一）技术内容

气力式蔬菜播种机通常是由动力输出轴或液压系统带动风机工作，风机产生的真空吸力或者压力可对种子进行控制，使种子完成预期运动，具体可分为气吸

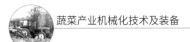

式、气压式和气吹式。

（二）装备配套

以 STAR Plus 蔬菜播种机为例，10 行气吸式蔬菜播种机，对种子性状限制较低，除毛刺种子外，一般 0.2~5mm 蔬菜种子可以使用；配套 75 马力以上拖拉机牵引作业，需要机手 1 名，播种行距为 25~200mm 可调，株距为 10~1 000mm 可调，作业效率可达 1.5~6.5km/h（图 3-13）。

图 3-13　蔬菜播种机

（三）操作规程

（1）种子要求：不能用脏或者皮太厚的种子，因为此类种子会导致装置不能正常运作，影响气吸等相关部件。

（2）耕地要求：耕地需要平整细碎。

（3）开机前做好检查。

除一般农机车轮、传动轴、动力等检查内容外，需对软管、液压装置、防护链、播种盘按说明书要求进行仔细检查。

（4）使用中特别需注意做好播种盘保护。

禁止在真空状态下尝试将盘从装置上取下来；禁止将油或者其他阻蚀剂用在播种盘表面，因为其残渣会损害机械性能，对于小的种子更为明显。

（5）使用后注意表头清洁。

使用机械蔬种后的生产效果如图 3-14 所示。

图 3-14　机播生产效果

三、质量标准（作业）

参照《油菜播种机 作业质量（NY/T 2709-2015）》等标准，具体指标根据播种蔬菜及设备不同差异较大。

（1）排种量：播种器在单位时间内排出种子的数量或质量。

（2）播种量：单位播行长度或单位播种面积内播入的种子数量或质量。

（3）粒距：播行内相邻两粒种子间的距离。理论粒距：由制造厂规定和控制机构所能控制的种子间距。

（4）漏播：理论上应该播一粒种子的地方而实际上没有种子称为漏播。统计计算时，凡种子粒距大于 1.5 倍理论粒距称为漏播。

（5）重播：理论上应该播一粒种子的地方而实际上播下了两粒或多粒种子称为重播。统计计算时，凡种子粒距小于或等于 0.5 倍理论粒距称为重播。

（6）滑移率：播种机在田间作业中，传动轮运转时，相对于地面的滑移程度。

$$\delta_1 = \frac{S - 2\pi R_n}{2\pi R_n} \times 100$$

式中：

δ_1——滑移率，％；

S——传动轮走过的实际距离，单位为米；

R——传动轮半径，单位为米；

n——传动轮在路程 S 内的转数。

（7）种子千粒重：水分含量符合国家标准规定的 1 000 粒种子的质量，以克为单位。

（8）种子净度：种子样品中去掉杂质和废种子后，留下的种子质量所占的百分率。

第四章

田间管理机械化技术

第一节 灌溉机械化技术

一、滴灌设施

（一）技术内容

适用范围：可适用于果树、蔬菜、经济作物以及温室大棚内的灌溉。

滴灌是一种精密的灌溉方法，利用低压管道系统，将水直接输送到田间，再经过安装在毛管上的滴头、孔口或滴灌带等灌水器，将水一滴一滴均匀而又缓慢地滴入作物根区附近土壤中，使作物根系最发达区的土壤经常保持适宜的湿度，使土壤的水、肥、气、热、微生物活动始终处于良好状况，为作物高产稳产创造有利条件。

滴灌施肥是将施肥与滴灌结合在一起的一项农业新技术，通过滴灌灌水器输送水分和肥料到作物根区，减小水分和肥料损失，在提高作物产量和品质的同时，大幅度提高作物水肥利用效率。

（二）装备配套

滴灌设备包括过滤装置、施肥（药）装置、灌水器等。

1.过滤装置

任何水源中，都含有不同程度的杂质，而微灌系统中灌水器出口的孔径很小，灌水器很容易被水源中的杂质堵塞。因此对灌溉水源进行严格的过滤处理是微灌中的首要步骤，是保障微灌系统正常运行、延长灌水器使用寿命和保障灌溉质量的关键措施。常见过滤装置如图 4-1 所示。

图 4-1 过滤装置

2. 施肥（药）装置

施肥（药）装置是微灌系统中向压力管道注入可溶性肥料或农药溶液的设备及装置。为了确保微灌系统施肥时运行正常，需要注意以下几点：①施肥装置必须安装在水源和过滤器之间，防止堵塞灌水器；②施肥（药）后需用清水冲洗

图 4-2 施肥装置

管道，防止设备腐蚀；③水源与施肥装置之间必须安装逆止阀，防止污染水源；④施肥前先将肥料溶解，取上清液倒入肥料桶里面。施肥装置如图4-2所示。

3. 其他滴管装置（图4-3，图4-4）

图4-3　滴灌管

图4-4　滴头

（三）操作规程

滴灌管由于管壁较薄，一般建议在设施内使用，滴灌管（带）在铺设的时候，一定要出水口朝上；滴灌的管道和滴头容易堵塞，对水质要求较高，所以必须安装过滤器；滴灌不能调节田间小气候，不适宜结冻期灌溉，在蔬菜灌溉中不能利用滴灌系统追施粪肥；滴灌投资较高，要考虑作物的经济效益；在膜下使用滴灌带时，架空地膜里聚集的水珠会形成聚焦透镜，聚焦光点会将滴灌带灼伤成孔，为避免此类情况的发生，地膜应使用有色地膜（黑色为佳），将滴灌带浅埋或覆土，防止接触强光，保持地面平整，防止杂草、土块将地膜支起，形成聚焦条件；拉展滴灌带时，用力要均匀，保持滴灌带平直。铺设时，应将滴头一面朝上，防止刮伤、碾压、踩踏滴灌带；进入滴灌带的水、肥、药等，必须经过100目以上的筛网过滤；滴灌带通水时，要保持额定水压，以免造成滴灌带损伤；旁通安装前首先在支管上用专用打孔器打孔。打孔时，打孔器不能倾斜，不能前后左右摇动；滴灌带安装完毕，打开阀门用水冲洗管道，然后关上阀门，将滴灌带末端封堵。

（四）质量标准（作业）

（1）开启灵活，不漏水。

（2）在最大工作压力下运行一个灌水周期，滤网无损伤和永久变形，压降在允许范围内，无渗漏现象。

（3）灌溉均匀，滴头无堵塞现象。

二、指针式喷灌机

指针式喷灌机是指在可以自动行走的支架上装有喷头的管道，并且可以围绕备有供水系统的中心点边旋转边喷灌的大型喷灌机械。指针式喷灌机最主要的优势就是减少用水量。由于喷灌系统输水损失极小，能够很好地控制灌水强度和灌水水量，灌水均匀且水的利用率高。再者，使用指针式喷灌机可以提高农作物产量。喷灌时灌溉水以水滴的形式像降雨一样湿润土壤，不会破坏土壤结构，为作物生长创造良好的水分条件。此外，由于喷灌系统的机械化程度高，不需要人工打埂、修渠，可以大大降低灌水劳动强度，节省大量的劳动力。

（一）技术内容

适用范围：可用于农田水利灌溉。

指针式喷灌机在工作时由中心支轴附近的机井供水，水源用高压水泵打入桁架，每跨桁架都有一部电机作为驱动力，入机水压到 2.5 个大气压，即可达到喷灌效果，水流沿管道布设的喷头同时喷洒，像钟表的指针一样围绕中心支轴旋转，旋转一周可以喷灌一个半径略大于喷灌机长度的圆形面积。

（二）装备配套

指针式喷灌机由中心支轴轴座、喷洒系统、桁架、塔车、驱动装置、调节控制机构等部分组成。

1. 中心支轴轴座

指针式喷灌机的转动支轴中心支轴轴座安装在灌溉田的中心位置，一般用钢筋混凝土来固定。支轴座中心的竖管，其下端与井泵出水管或压力管道相连，其上端通过旋转机构与旋转弯管连接（图 4-5）。

2. 桁架

桁架是组成喷灌机的基本单元。桁架离地高度 2.7m 左右，一般每跨桁架的长度为 50~61m，可以根据地块大小设置跨数。喷洒系统是桁架的组成部分，该系统由喷洒支管和安装在其上面的喷头组成，喷头间距一般为 2.8m，喷头安装

图 4-5 中心支轴轴座

位置距离中心支轴越远,喷头的流量则越大(图4-6)。

3. 塔车

塔架、行走轮和驱动系统等共同组成塔车。塔车不仅是桁架的支座,还是喷灌机的驱动部件。调节控制机构包括速度调节机构和同步控制机构(图4-7,图4-8)。

图4-6 桁架

图4-7 驱动装置

4. 调节控制机构

调节控制机构通过控制末端塔车的行走速度,从而控制整机的运行速度。同步控制机构则安装在除末端塔车外的其他各塔车上。当末端塔车前进后,即形成了它和相邻塔车不在一条直线上的状态,这时同步控制机构动作,使相邻塔车同时向前移动,这样间隙性缓慢移走,使各个塔车保持在一条直线上。

(三)操作规程

(1)指针式喷灌机在运行前,应对各部件进行检查,保证轮辙上无凹

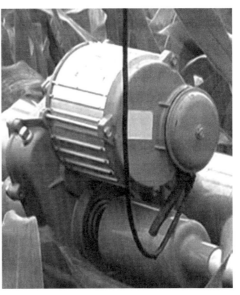

图4-8 发动机

陷突起以及影响行走安全的障碍物，保证各项设置符合操作要求。

（2）在运行中，应经常监视喷灌机的工作状况，确保各转动部件运转平稳、紧固件无松动、密封处无泄漏、喷头工作正常。

（3）作业结束后，要注意应及时切断电源，排除管道余水，以及行走部件上的泥土和杂草。

（4）水泵启动后，3min 内未出水，应停机检查。

（5）水泵运行中若出现杂音、震动、水量下降等不正常现象，应立即停机，要注意轴承升温，其温度不可超过 75℃。

（6）观察喷头工作是否正常，有无转动不均匀甚至不转动的现象。观察转向是否灵活，有无异常现象。

（7）应尽量避免使用泥沙含量过多的水进行喷灌，否则容易磨损水泵叶轮和喷嘴。

（8）为适应不同的土质和作物，需要更换喷嘴。

（四）作业质量标准

（1）强度，即规定时间内喷洒在作用农田上的水量，一般喷灌强度和土壤的吸水能力差不多即可。

（2）均匀度，即作用农田中的降水均匀度，一般其均匀度大于 75% 即可。

（3）水滴的雾化程度，即喷头喷出的水滴大小，水滴太大会破坏土壤地表，水滴太小容易浪费或受风力影响，一般选择时可按照实际作物类型和土壤性质选择。

（4）不同喷头转速不同，小喷头为 1~2min/r，中喷头为 3~4min/r，大喷头为 5~7min/r。

三、绞盘式喷灌机

（一）技术内容

绞盘式喷灌机用软管给一个大喷头供水，将牵引 PE 管缠绕在绞盘上，利用喷灌压力水驱动水涡轮旋转，经变速装置驱动绞盘旋转，并牵引喷头车自动移动和喷洒的灌溉机械。它具有移动方便、操作简单、省工省时、灌溉精度高、节水效果好、适应性强等优点，能有效地提供作物所需要的水分，提高产量。

（二）装备配套

绞盘式喷灌机主要的构件包括能回转 270° 的底盘、支架、绞盘、特性 PE

管、多功能减速箱、轴流式水涡轮、导向及调速装置、喷头车等（图4-9）。

图4-9 绞盘式喷灌机

1.底盘

底盘连接两个车轮，承载绞盘式喷灌机整机重量，在牵引动力作用下，带动整机移动；底盘上部与喷灌机回转支撑连接，实现绞盘360度旋转。

2.卷管

卷管起到输水和牵引喷头车回收作用。由特殊PE材料制成，具有柔韧性好、耐磨、抗拉、抗冲击强度高和使用寿命长的特点，在充水和空管状态下，始终保持圆形或椭圆形状态（图4-10）。

图4-10 卷管

3.绞盘

绞盘起到存放卷管和缠绕卷管作用。水涡轮动力通过变速箱和链条传动到绞盘，通过绞盘卷绕回收卷管。

4.喷水行车

喷水行车是喷枪和多个折射式喷头的悬臂承载部件，喷头车连接软管和喷洒部件，在喷洒过程中，喷水行车带着灌水部件，均匀回卷，实现灌溉均匀性（图4-11）。

图 4-11　喷枪

5.水涡轮驱动装置

水涡轮作为绞盘式喷灌机的核心部件，是一种混流式高效水涡轮。水涡轮通过变速箱、驱动链轮和链条把动力传递到绞盘（图4-12）。

6.传动机构

传动装置由连接水涡轮和绞盘的变速箱、齿轮和链条等组成，能够将

图 4-12　水涡轮

水涡轮产生的动力准确、稳定地传送到绞盘，实现喷头小车匀速回卷。

7.变速箱装置

变速箱装置是机组的控制系统，该系统可实现传动系统的离合、刹车、调速、

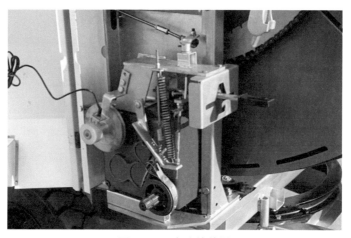

图 4-13　变速箱装置

回收；变速箱可实现四级变速，满足不同时期、不同作物的需水量（图4-13）。

（三）操作规程

（1）运行前应对组成部件进行检查：喷头连接牢固，流道通畅，转动灵活，换向可靠，弹簧松紧适度，零件齐全；管件完好齐全，控制闸阀及安全保护设备启闭自如，动作灵活，止水橡胶质地柔软，具有弹性；量测仪表盘面清晰，指针灵敏；连接件牢固，电缆线无破损，传感部件动作灵活。

（2）运行时应符合如下要求：①管道首末端压力在设计要求范围内；②转动部件运转平稳，无异常声音；③密封处无泄漏；④灌水器工作正常。

（3）冬季必须进行排水防冻作业。

（四）作业质量标准

（1）单机可有效控制200~300亩喷洒面积，喷洒幅宽40~70m，24小时内可根据需水量情况完成喷洒作业30~60亩。

（2）有效喷洒长度：300m。

（3）喷头流量：13~40m^3/h。

第二节　植保机械化技术

一、设施精准喷药机

（一）技术内容

适用范围：温室大棚、果园等各种作物的病虫害防治。

该设备采用精准施药雾化喷嘴，雾滴粒径均匀大小，针对温室轨道施药设计了通用的接口，可广泛应用在设施蔬菜、花卉的种植管理中。

工作电压：220V。

单喷嘴流量：1.2L/min。

喷枪流量：3.6L/min。

额定工作压力：0.57Mpa。

药箱容积：125L。

（二）装备配套

装备由车把手、喷药杆、车轮支架、卷管器、车轮、电机这几部分组成，具体示意见图4。

图 4-14　设施精准喷药机

（三）操作规程

（1）购机后应立即充电，将电瓶充满电，方可使用。

（2）使用前期，应保证打药机能正常使用，清水试喷，各处无渗漏。动力机及液泵都运转正常、排水无问题，调压正常。

（3）打药机在作业时，由于喷头的精细化制作，溶液雾化程度好，形成的雾滴很小，作业人员要做好防护工作，熟悉作业流程。

（4）喷洒过程中，要求药液雾滴分布均匀，药液量适当，以湿润目标物表面不产生流失为宜。

（5）添加药液时需使用专用过滤网进行过滤。

（6）每次施药后，须用清水喷雾几分钟，清洗残留的药液颗粒。

（7）根据不同的作物选择相应的喷头，增强施药效果。

（四）质量标准（作业）

（1）雾化程度良好，喷雾均匀。

（2）单喷嘴流量：1.2L/min；喷枪流量：3.6L/min。

（3）喷幅和射程：3~5m。

二、常温烟雾机

（一）技术内容

适用范围：温室大棚内蔬菜、花卉等病虫害防治，进行封闭性喷洒。

常温烟雾机喷雾雾滴平均直径只有 20μm，能在空间悬浮 2~3h，能较均匀地附着到植物叶、茎各处及病虫害部位，尤其在密集型作物中防治效果更显著。该机工作时无须加热，农药没有热分解损失，具有较宽的药谱。配套动力锂电池或蓄电池，静电发生器输出电压 15~25kV，雾滴正面覆盖密度大于 300 点 /m²、反面覆盖密度大于 100 点 /m²。

常温烟雾机核心作业部件是气液二相流喷头。在高速气流的作用下，喷嘴处形成局部真空，将药液吸入喷头体内，压缩空气与药液在喷嘴外缘处混合雾化，然后喷射在棚室空间和蔬菜、花卉等植物上。作业时喷射部件和空压机、操作柜分别设置在棚室内外，作业人员可以在棚外通过控制系统进行操作，可避免污染和中毒（图 4-15）。

（二）**装备配套**

装备配套分为空压机、喷雾、支架三部分。

（1）空压机部分由车架、电源线、空压机、电机、电气柜、气路系统和罩壳等组成。作业时，空压机部分置于棚室外，操作者无需进入室内，可实现室外安全操作和无人操作，避免了农药对人体的危害。

（2）喷雾部分由喷头、气液雾化系统、喷筒及导流消声系统、药箱、搅拌器、轴流风机、小电机等组成。

（3）支架部分支架调节为三角形升降机构，根据喷雾时作物品种高低不同进行调节。喷口离地高度可在 0.9~l.3m 范围内调节。

图 4-15　常温烟雾机

（三）操作规程

1. 施药前的准备工作

（1）机具检查和调整。

一是空压机部分常用压力为 1.0~1.6MPa，指针摆动过大时旋紧表阀，以便保护压力表。压力偏低时，检查各联络结处有无漏气，喷嘴帽有无松动，车架下部排放口是否开着；压力偏高时，检查喷嘴喷片、空气胶管是否有堵塞（略有升高并非故障）。注意空气压力不要用 3MPa 以上。

二是空气胶管、连接线把风机电源线、空气胶管接到空压机部分的插座和空气出口中，尤其连接线的插头，插入后要往右转动锁紧，以免机器运转时因振动而脱落。

三是喷雾部分风机电机和连接线的联结采用了防水插头和插口，要牢靠地插入并往右转动锁紧。空气胶管也要联结牢固。

四是喷量检查按机具使用说明书检查调整喷量。常温烟雾机的喷量一般农药 50mL/min 左右，喷量过少或过多都会影响防治效果。检查调整时使用清水试喷，同时检查各联接处、密封处有无渗漏现象。

（2）棚室检查。

检查塑料膜是否破损、换气扇、出入口的缝隙和破损处必须在施药前修补、贴好。防止喷雾后烟雾从细缝、破洞处飘移逸出，降低防效、造成污染。

2. 施药中的技术规范

（1）空压机小车使用时放在棚外水平稳定的场所，不可雨淋。特别是控制系统和电源接头应避免与水汽接触。

（2）将喷射部件和升降部件置于棚室内中线处，离门 5~8m，调好喷筒轴线与棚室中线平行。根据作物高低，调节喷口离地 1m 左右高度和 2°~3°仰角。

（3）接通电源启动空气压缩机，将药箱中的药液用压缩空气搅拌 2~3min，然后开始喷雾施药。喷出的雾不可直接喷到作物上或棚顶、棚壁上。在喷雾方向 1~5m 处的作物上应盖上塑料布，防止粗大雾滴落下时造成作物污染和药害。

（4）喷雾时操作者无须进入棚室，应在室外监视机具的作业情况，不可远离。发现故障应立即停机排除。

（5）严格按喷洒时间作业，到时关机。先关空压机，5min 后再关风机，最后关漏电开关。

（6）戴防护口罩、穿防护衣进棚，取出喷射部件和升降部件。

（7）关闭棚室门，密闭 6 小时以上才可开棚。

3. 施药后的技术处理

（1）作业完将机具从棚内取出以后，先将吸液管拔离药箱，置于清水瓶内，用清水喷雾 5min，以冲洗喷头、管道。然后用拇指压住喷头孔，使高压气流反冲芯孔和吸液管，吹净水液。

（2）用专用容器收集残液，然后清洗药箱、喷嘴帽、吸水滤网、过滤盖。擦净（不可水洗）风筒内外面、风机罩、风机及其电机外表面的药迹、污垢。

（3）使用一段时间后，检查空压机油位是否够；清洗空气滤清器海绵。

（4）长期存放时，应更换空压机机油，清除缸体积炭，并全面清洗。

（5）应将机具放在干燥通风和仓库内，不能和药、酸、碱等有腐蚀性物质放在一起。

（四）质量标准（作业）

（1）防治目标高度可达 25m 以上。

（2）单机工作幅宽达 6~7m。

（3）每小时施药面积 15~30 亩。

（4）高效、省时。常温烟雾机作业，喷量为 50~70mL/min，雾粒细小，用药液量为 3~60kg/hm^2。仅喷射部件进棚，人员棚外通过操作柜操作，劳动强度低。

（5）省水。每亩地苗期省水 50kg，中后期省水 100kg 以上，而且减少了加水次数和辅助时间。

（6）省药。常温烟雾（粒径 20μm）能长时间（2~3h）漂浮扩散于棚室空间，穿透作物各处缝隙，充分附着于农作物表面，均匀度较高。用药量可比人工喷雾节省 5%~10%。

第三节 中耕除草机械化技术

传统人工中耕除草是一项繁重的体力劳动，费时费力。目前国外中耕除草主要以大型联合作业机械为主，适合大面积作业要求，配套动力大、作业成本高，对道路和环境的要求较高，不适合我国的基本情况。3ZF-4 型中耕除草施肥机可大大提高劳动生产效率，减轻劳动强度，具有较好的社会效益和经济效益。

（一）技术内容

适用范围：可用于大面积种植农田的除草、松土、培土。

3ZF-4型中耕除草施肥机配套动力为 13~18kW 轮式拖拉机，中耕作业行距要配套。首先由深松铲开沟，既起到了深松作用，又将化肥深施，然后由中耕铲松土、除草，将化肥掩埋，同时又起到了起垄的作用。

（二）装备配套

整机包括以下几个主要部件：①机架；②深松铲总成；③悬挂架；④地轮；⑤排肥机构；⑥松土铲。如图 4-16 所示。

图 4-16　中耕除草施肥机

（三）操作规程

（1）调整拖拉机吊杆使机组横向水平，调整上拉杆及农具可调式上拉杆分别使前深松铲和后松土铲在工作状态纵向水平。

（2）通过调整中耕除草机的前深松铲和后松土铲的高低位置，配合调整拖拉机的液压悬挂装置的中央拉杆长度，可以实现中耕除草作业的深度调节。在以上调节时，可能影响机组纵向水平，需重复调整。

（3）每班作业前应检查紧固件是否紧固，各零部件工况是否正常。

（4）每班作业后应清除深松铲、松土铲等部件上面的泥土、缠草。检查铲尖是否损坏，如有损坏须调头或更换新的。

（5）需润滑或易锈部位一周涂一次润滑防锈油脂。地轮轴承和排肥器轴承一般一个作业季节打黄油一次。

（6）每一个作业年度后，把整个机组彻底拆卸清洁干净，仔细检查各零部件是否有损伤，如有损坏应予更换，机架等部件油漆剥落处补上新漆。机组重新组装后各轴承部位应注满黄油，丝杆、紧固件、深松铲尖、旋耕刀等部件须涂上防锈油，置于干燥、通风的室内保存。需经过严格养护后进行长期储存或保管，存放点应干燥、通风、遮阳、避雨。

（7）与拖拉机挂接前须严格检查各紧固件是否联接牢固，各旋转部位是否转动灵活，润滑部位应注足油脂，及时排除异常情况。机组与拖拉机挂接应可靠，销轴插入端应可靠锁死，不得脱落。检查机组在提升中各位置时，地轮转动是否正常。

（8）机组起步时，应鸣笛示警。

（9）机组完全脱离地面后，方可转弯。

（10）机组在作业或运输中，禁止在机具上坐、立人员。

（11）作业过程中，禁止进行调试维护。

（12）在拖拉机提升农具后进行维修或更换部件，须有可靠支承。

（13）禁止后退作业。

（14）作业过程中如有壅土现象，应及时停机清理。

（四）质量标准（作业）

表4-1　中耕除草施肥机技术指标

工作行数	4行
作业速度	3~4km/h
施肥深度	8~12cm
施肥量	450~900kg/hm^2
生产效率	0.6~0.8hm^2/h

第四节　设施省力化装备技术

一、运输轨道车

温室作物轨道车是针对室内空间相对狭小的实际情况，开发出的一种适用于温室运输的设备，它可以解决温室作物收获环节完全人工采摘转运的问题，减轻了工人的劳动强度。也可以用于室内物料的运输等。

（一）技术内容

适用范围：适用于日光温室内果蔬、肥料等物料运输。

（1）采收输送装置覆盖整个温室面积，硬化靠温室北墙700mm的地面，铺设两条运输轨道，运输小车在轨道上通过电机带动来回行走，完成运输作业。

（2）单车运输最大重量200kg，符合温室基本需要。

（3）48V直流电机，电机功率450W。

（4）可配套遥控器使用。

（二）装备配套

1. 电源

钥匙开关开至"充放电"档位时，电量显示指示灯亮起，可进行充放电工作。（注：此时轨道车不能运行）。钥匙开关开至"运行"档位时，电量显示指示灯亮起，轨道车处于工作状态（注：此时充放电口可对外进行直流48V供电）。

2. 手动方向档位旋钮

在车辆处于工作状态时，手动旋钮转向前进档位时车辆向前运行，旋钮转向后退档位时车辆向后运行。手动旋钮工作时遥控器处于关闭状态，手动旋钮处于停止状态时遥控器电源同时接通。

3. 调速旋钮

旋钮处于"0位"时处于停止状态，顺时针慢慢旋转旋钮可调整运行速度。

4. 遥控器操作（图4-17）

注意：（1）在手动运行旋钮处于"停/遥控"位置时遥控才能使用。

（2）车辆在运行时，如需反向运行必须先按停止按钮"C"才能反向工作。否则会毁坏电机及电路。

（3）如需自动巡航时，在车辆停止时直接按自动巡航（A）键。

5. 巡航显示器调整

（1）在调整显示器显示的数字时请先将调速旋钮转至"0"位。

（2）按下遥控器的巡航按钮"A"，此时巡航显示器亮起。

显示器上方第一排显示数字为前进时间，第二排为后退时间，双排时间须调整一致方能正常使用。

显示器下方4个按键从左至右顺序为1号按键（无用）、2号按键、3号按键、4号按键（无用），以

A：自动巡航按键　C：停止按键

B：后退按键　　　D：前进按键

图4-17　遥控器

下简称1，2，3，4。

（3）调整方法。

短按3，显示器数字闪烁。

短按2，显示器数位循环闪烁，到达需要调整的数位时，短按3进行调整。

调整后无需其他操作自动保存。

（4）用户请根据棚长、前进速度自行调整巡航时间。

（5）探头调整：在探头尾端设有距离调整螺丝，顺时针旋转探测距离加大，逆时针旋转探测距离缩短。探头理论测距为30~800mm。

（三）操作规程

（1）此设备最大载重量为200kg，勿超载使用。

（2）设备为运输货物专用，人员请勿乘坐。

（3）操作人员必须经过正规的培训后方可操作。

（4）长时间停放时，请将控制开关的钥匙拔掉带走。

（5）请不要将大于500W电器连接到控制箱的电源输出口，以免烧毁控制面板和电池。

（6）由于温室内部的湿度较大，在长时间停放时请尽量将设备置于干燥处，利于延长设备的使用寿命和降低故障率。

（7）为延长电池的使用寿命，请不要将电池的电量耗尽后再充电，在电量显示器低于两格时及时充电。

（8）遥控距离是受内部电池电量多少影响的，如遥控距离达不到要求时应尽快更换电池，避免影响使用。

（9）如设备长时间没有使用，为延长电池的使用寿命，应保证每月给电池充电一次。

二、电动卷膜器

温室大棚电动卷膜器是一种运用于现代设施大棚上的可以取代传统手动卷膜的自动化省力开闭膜设备，该设备可以实现快速的卷、放膜及温室环境的自动控制，具有重量轻、输出扭矩大、行程调节精确度高、调节范围大、低电耗等诸多优点，是现代温室大棚中节省劳动力及劳动时间设施智能化控制的必要设备（图4-18）。

图 4-18　电动卷膜器

（一）技术内容

适用范围：适用于不同温室大棚的棚膜自动开闭。

（1）电动卷膜器外壳为铸铝材质，采用一次成型工艺铸造而成，表面精度高。

（2）卷膜器需配套薄壁镀锌钢管及变压器使用。

（3）设备内部有自锁装置，在卷膜开启和关闭的过程中，能实现任意位置的停止和启动，无需任何辅助装置。

（4）工作电压为直流24V（图4-19）。

图 4-19　配套电机

（二）装备配套

（1）电源：卷膜器的控制装置通过一个变压器连接到常规交流电上，变压器上游接一个闸刀开关，以保证在用电不当所造成紧急事故时可以及时切断电流。

（2）手动方向档位旋钮：当旋钮处于中间"关停"位置时，卷膜器处于关闭状态，此时不工作；当旋钮向右转指向"卷膜方向"时，卷膜器通电工作，此时电机带动钢管卷动棚膜；当旋钮向左转指向"放膜方向"时，此时电机带动钢管向反方向转动，放下棚膜。

（三）操作规程

（1）用户应根据大棚长度、宽度、拱度及农膜的重量，按标准选用合适的电动卷膜器，注意要留有载荷余量，禁止满载荷和超载运行，并对电机采取必要的防盗措施。

（2）根据卷膜重量，按标准配用支杆、推杆、卷杆、螺栓，避免杆件配备不合理造成折杆、拧杆。

（3）用户自行购买的电动卷膜器电缆及其他配电器材，应为达到国家标准的合格产品，以确保用电和主机运行。

（4）将倒顺开关固定在主机支杆上，并在倒顺开关前面另加控制刀闸，以确保在倒顺开关失灵时能及时切断电源。

（5）冰雪天气要清理干净防寒膜后再启动卷膜机，防止因雨雪结冰而损坏农膜。

（6）电动卷膜器卷放时禁止触及卷杆，卷膜机上卷到位后要及时关机，防止卷膜越位翻入棚后。

（7）用户在电动卷膜器发生故障时，要在代理点或公司服务人员的协助或指导下排除故障，避免盲目操作造成事故。

（四）质量标准（作业）

（1）驱动钢管在温室安装卷膜器的一端伸出约150mm切断，不得有弯曲、扭曲。

（2）用M8的顶丝将驱动轴接头和驱动钢管连接起来。

（3）伸缩杆（外）、伸缩杆（内）之间的重叠长度不得少于200mm。

（4）伸缩杆（内）和钢管固定管之间通过伸缩管固定夹连接。

（5）电机爬升钢管和驱动钢管应成直角为宜。

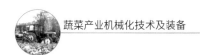

三、卷帘机

卷帘机是用于温室大棚草帘或者保温被自动卷放的农业机械设备，根据安放位置分为前式、后式，根据动力源分为电动和手动。此处介绍的卷帘机为冷棚加装卷帘机，是一种能够适用于棚与棚间距为 0.7~1.0m 的冷棚改造为温室中加装的卷帘机（图 4-20）。

图 4-20　卷帘机

（一）技术要点

（1）卷帘机能够卷起长度 70m，跨度 8m 的冷棚保温被，具有电动、人工手动功能来实现卷帘作业。

（2）主要技术指标

配套动力：2.2kW 单相电机或 1.5kW 三相电机。

卷铺长度：70m。

卷帘长度：8m。

卷帘时间：≤ 8min。

放帘时间：≤ 8min。

整机质量（含卷轴）：445kg。

（二）装备配套

该机由电动机、变速齿轮箱、卷轴、连接销轴、支撑杆等部分组成。

电机选择单相 2.2kW 单相电机或 1.5kW 三相电机，用户可根据自己的电源情况和需要自由选择。同时，该机还具备人工手摇驱动功能，保证在特殊（停电）情况下也能够实现卷、放帘工作。

卷帘机安装在冷棚的中间底部，采用支撑杆和减速箱相连接，工作时接通电源，电动机带动减速器工作，减速器的输出轴带动卷轴转动（卷轴与保温被连接），从而完成卷帘作业。

利用电源开关拨到"正"的位置时，电机转动通过减速器带动卷轴和保温被向上移动，电源开关拨到"倒"的位置时，电机改变转动方向，通过减速器带动卷轴和保温被向下移动，一"正"一"倒"完成整个卷帘和放帘的工作过程。

（三）作业规范

（1）冷棚要求：安装卷帘机的冷棚结构要有足够的强度、刚度和平整度，在冷棚弧形顶点位置通体贯穿整个冷棚焊接 70m 长 40mm×80mm 方钢，增加整座棚的拉伸强度，每隔 3 个拱架焊接 1 根高出棚高 300mm 的 80mm×80mm 方钢，下部焊接 200mm×200mmφ8mm 钢板底座，埋入地下 300mm 处，增强整座棚体的立向支撑。为方便机具作业掉头，冷棚两侧的立向支撑杆是销轴结构，方便拆卸。整栋冷棚要足以承受保温被和卷帘机的整体重量之和，同时要考虑到雨雪等特殊天气时保温被重量的增加给棚体带来的负荷问题。冷棚两侧高度应对称，棚前地势不可过低（图 4-21）。

图 4-21 冷棚内部

（2）保温被的排布：保温被应厚度均匀，长短一致，不限保温被铺放形式，保温被要保持下边对齐，垂直固定在卷轴上，保温被重合部分的宽度要尽量保持一致（200~300mm）。新、旧保温被并用时，应在变速齿轮箱左右对称使用，防止机具在工作时出现跑偏现象。

（3）卷绳的铺放：每条保温被下铺两条无松紧度的卷绳，卷绳的一端固定在冷棚顶部的横梁上，另一端固定在卷轴的固定环或钉齿上，卷绳的松紧和长度应保持一致。此操作尽量由一人完成，或两个人一人一边完成，这样可使卷绳捆绑的松紧度保持一致。

（4）机具的安装：将变速齿轮箱放置在冷棚前的正中两个拱架中心凹陷部分，变速箱输出端朝下，安装电机部位朝上。将两根支杆用销轴连接，将电缆线依次穿入两根支杆的护线圈后立起（电线的预留长度应适合两根支杆打开最大角度时的长度），将带有连接板的支杆与变速箱连接，另一端与冷棚中央立杆用销轴连接。将变速箱与两侧带蓝盘的卷轴连接。连接卷轴前，应将保温被落地一端全部对齐，并压在所有卷轴下，将铺在保温被下的绳子一并露出，以便固定在卷轴上。所有卷轴一次连接，用螺栓紧固。

（5）电机设备：将电机安装在变速箱机座上，由专业电工按电机线路说明接好电源线，装好变速箱与电机的皮带，松紧适度。电源开关表箱由专业电工

图 4-22　安装在两棚之间的卷帘机

安装在棚前儿童触摸不到的位置固定。专业电工将电源部分连接好，送电观察电机正、反转以及机具作业状况，确保电源无问题即可。

（6）使用方法：使用前，变速箱需加注齿轮油 3~4kg。接通电源，将开关拨到"正"的位置时，卷帘机由下往上卷帘；将开关拨到"倒"的位置时，卷帘机由上往下放帘（图 4-22）。

（四）作业质量标准

（1）卷帘时间应 ≤ 8min。

（2）放帘时间应 ≤ 8min。

（3）正常作业时电机输入功率应小于电机额定功率。

（4）首次故障前卷帘或放帘次数应 ≥ 90 次。

第五节　节能增温装备技术

日光温室地暖通风加热系统利用地下热交换系统实现增温蓄热，以空气作为介质，利用日光温室本身的集热作用，将白天多余的热量贮藏在土壤里用于夜间加温，从而达到节能增温的目的。通过地暖通风加热，可以有效提升温室内地温，促进蔬菜的生长；其次，提高了日光温室内夜间气温，减少了煤炭等的消耗，降低了燃煤成本；与此同时，突破了传统的化石燃料供热手段，实现节能、环保、可持续发展的目的。

图 4-23　控制箱

温室地暖通风加热系统由温控开关、进风口及风机、地埋管道和出风口组成。白昼温室内气体温度高于规定温度时，温控开关启动轴流风机使温室内的热空气通过进风口，流过温度较低的埋设管道，通过对流交换将热贮存到管道周围的土壤中，实现提升地温、土壤蓄热的目的。夜晚，再将土壤蓄积的热量散发到温室内，提高温室夜间空气温度（图4-23，图4-24）。

图4-24　地面进风口

（一）技术内容

适用范围：适用于日光温室白天降温、夜晚升温。

（1）日光温室内地下埋有储热管道，通过抽风机连接有进风管道和出风管道与温室内空气连通。

（2）温室的中间内沿着长的方向安装有感温装置，根据不同作物的需要，设置温度阈值。

（3）储热管道埋藏深度0.8~1.2m；进风口距离地面高度2m；出风口距离地面高度0.5m。

（4）进出风口与作物的种植方向平行，每隔20m设置一列。

（5）风机功率300W。

（二）装备配套

（1）控制箱：感温装置通过感温原件连接在控制箱上，同时控制箱与风机相连，控制箱通过变压器与交流电路相连，以提供动力。

（2）感温装置：根据不同需要设置温度传感器，白天当室内空气温度超过某一值时，风机开始工作，进风口将热空气吸入到地下储热管道内暂存热量；夜间，当温度低于某一值时，风机工作将储热管道内的热量通过出风口排到温室内；当温度处于两临界温度之间时，风机不工作，不消耗电力。

（三）操作规程

（1）地下储热管道的埋藏应根据所种植作物根系的伸展方向适当深埋，防止储热管道距离植物根系太近造成局部热量过高，灼伤植物根系。

（2）感温装置的温度设置根据温室内种植作物的生长适温调整在合适的范围之内，使作物能够在最适的温度环境下生长。

（四）质量标准（作业）

此设备能够明显降低温室内白天的温度，同时提高温室内夜间温度，配合通风系统，能够为植物营造一个良好的生存环境，另外，白天通过将自然热能进行储存，达到资源合理利用、节能降耗的目的。

第六节　物理增产装备技术

一、温室电除雾防病促生技术

温室电除雾防病促生技术是一种能同时解决设施病害和生长速度问题的新技术，在温室生产中有着重要作用。它能够有效地解决设施蔬菜生产中遇到的多种生理性问题，可作为蔬菜生产的安全保障技术系统。它能够建立空间电场，从而促进植物光合作用、增强根系吸收能力、提高生长速度；能够产生臭氧、空气氮肥、带电粒子用于温室植物病害的防治；进行空间电场与二氧化碳同时补充，快速促进作物生长并提高果实品质和产量。

功能特点如下。

（1）臭氧杀毒作用。

（2）利用空间电场净化空气、除雾、带走飞起的病原体。

（3）电极系统对空气放电产生氮肥，替代含氮化肥的使用。

（4）空间电场与高浓度 CO_2 结合，促进作物生长，提高果蔬口感。

（5）可使植物产量适当增加，预防气传病害效果大于 90%。

（一）技术内容

适用范围：适用于设施温室内防尘除雾，防止气传病害的发生。

1. 空间电场的建立

通过绝缘子挂在温室棚顶的电极线为正极，植株和地面以及墙壁、棚梁等接地设施为负极，当电极线带有高电压时，空间电场就在正负极之间的空间中产生了，利用空间电场能够极其有效的消除温室、生态酒店的雾气、空气微生物等微颗粒，彻底消除动植物养育封闭环境的闷湿感、建立空气清新的生长环境。

2. 臭氧等氧化性气体的产生

通过电极的尖端放电产生臭氧、氮氧化物、高能带电粒子，用于空气微生物的杀灭、异味气体的消解。

3. 光合作用的促进与品质的优质化

在空间电场作用下，植物对 CO_2 的吸收加速并使光补偿点降低，即在弱光环境中仍有较强的光合强度，同时，高浓度 CO_2 与空间电场结合具有产量倍增效应，即空间电场能显著提高植物的光合强度，促进同化产物的运输和植物组织器官的生长与发育。

4. 氮气肥料化

带有 40~50kV 直流高压的电极线会对空气产生电离作用并使空气中的大量氮气转化为氮氧化物，氮氧化物与水汽结合形成空气氮肥，即植物叶面氮肥。

5. 缺素症预防

在空间电场作用下，植株体内 Ca^{2+} 浓度的变化随电场强度的变化而变化，它的变化调节着植物的多种生理活动过程，也促进了植物在低地温环境中对肥料的吸收，增强了植物对恶劣气候的抵御能力。

6. 除雾与臭氧防病

在空间电场中，烟雾或粉尘会受电场力的作用而做定向脱除运动，并迅速吸附于地面、植株表面、温室内结构表面，而附着在烟雾或粉尘上的大部分病原微生物也会在高能带电粒子、臭氧的双重作用下被杀死、灭活。在随后的自动循环间歇工作中，空间电场抑制了烟雾的升腾和粉尘的飞扬，温室空间持续保持清亮状态，隔绝了气传病害的气流传播渠道。由于空间电场作用，土壤－植株生活体系中有微弱电流，该电流与空间直流电晕电场、臭氧、高能带电粒子一同作用，防治了病害。

（二）装备配套（图 4-25）

1. 主机 1 台（含带线绝缘子）

主机电源线连接到高电压设备专用时间控制器后再通过控制器连接到交流 220V 电源上。

2. 高电压时间控制器 1 台

（1）设置程序：只需拨动设定片（红色设定片），每个设定片为 15min，拨到外侧为接通电源。

（2）校对现在时刻：如果为了便于掌握时间，只需要顺时针旋转刻度盘，使三角箭头指向现在时刻。将控制器的时间调整为北京时间即可。如果不作此调整，不影响控制器定时。

（3）将电器用品的电源线连接定时器的电源上，电器用品务必是开启状态。

（4）再将定时器连接在电源上，电器用品即可按预先设置好的程序执行开与关，进行工作。

（5）定时位置开关务必拨到定时"ON"位置，才能起到定时作用。

（6）技术规格。

额定电压电流功率：AC220/2 000W。

使用温度范围：-10℃ ～ +55℃。

操作方向：顺时针。

时间设定范围：15min ～ 24h。

固有损耗：≤ 1W。

两种 GD-1 型高电压专用定时器。

3.电极线 1 卷 100m

4.10 个悬挂绝缘子

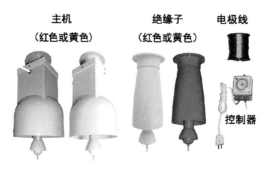

图 4-25　温室电除雾防病促生设备

（三）操作规程

（1）使用前将高电压设备专用时间控制器调整到 timenow 或 I 的恒定工作状态，使用验电笔测验悬挂在绝缘子上的电极线是否带电。测试时，将验电笔逐渐靠近电极线，待接近 40~50mm 时，验电笔灯亮，则系统工作正常。反之，检查电极线是否与其他物件接触，待短路处理后再试。如仍不工作，则视设备损坏。

（2）系统每工作 15min 停歇 45min，不允许设备恒定工作。

（3）空间电场系统属于高电压小电流的电工 / 电子类产品，因此严禁触摸电极线，严禁使用一般绝缘物件（木杆、污浊塑料棒等）触碰电极线。

（4）电极线架设高度必须大于 2m。

（四）质量标准（作业）

温室电除雾防病促生系统的有效控制面积为 50~450m² 或长度为 60m 左右的单面坡温室，其参数如表 4-2 所示

表 4-2　温室电除雾防病促生系统工作参数

性能 型号	输出电压 DC(kV)	最大 输出功率 （kW）	日耗电 (kWh)	空气病菌 去除率 （%）	CO₂吸收 提速率 （%）	除湿率 （%）	氮气氮肥 转化率 （%）	臭氧产 出率 （g/h）
450 型	0~50	0.08	0.5	40~99	>5	>5	20	≥ 0.5

二、声波助长仪

声波助长仪。依据植物声控技术原理研发的一种应用于农业生产中，给植物播放"音乐"的新型设备。听了它播放出来的"音乐"，农作物普遍表现出旺盛的生长势头，增产幅度可达 20% 以上，作物普遍早熟一周左右，农产品的品质得到明显改善，口感好，贮藏期长。

（一）技术内容

适用范围：广泛适用于粮油作物、蔬菜、果树、经济作物、花卉、食用菌等作物的生长促进和成熟度控制。

（1）该设备的声波输出依赖于一个定压音箱，其工作半径约为 60m 左右，根据大棚面积，合理设计声波助长仪的数量，全面覆盖。

（2）额定电压 220V/50Hz。

（3）该设备有多个可调整波段。

（二）装备配套

（1）定压音箱。

（2）基座。

声波助长仪可参见图 4-26 所示。

图 4-26　声波助长仪

（三）操作规程

（1）将声波助长仪放置于使用地块中央，安放平稳，接通电源，打开电源开关。

（2）开机前将音量调至最小位置，开机后逐渐加大音量，音量大小以人在使用地块边缘处能听清为宜。

（3）气温在15℃以下，湿度较大时选用1、2、3频道；气温在15~28℃，湿度适中，选用4、5、6频道；气温超过28℃或比较干燥时，选用7、8频道。

（4）通常使用时间以早上7~10时为最佳，食用菌使用最佳时间为傍晚5~7时，每天1次，每次2小时。

（5）进行叶面追肥时，要先开机处理1h，追肥后再处理1h。

（6）使用条件：环境温度：–25~40℃，环境相对湿度：＜95%。

（四）质量标准（作业）

（1）明显提高蔬菜作物的抗病能力并且能驱避虫害。

（2）设施作物的收获期提前，提早上市。

（3）设施作物的产量有一定程度的增加。

三、LED植物补光灯

LED光源又称半导体光源，这种光源波长比较窄，能控制光的颜色。植物都需要阳光的照射才能生长的更加茂盛，光对植物生长的作用是促进植物叶绿素吸收二氧化碳和水等养分，合成碳水化合物。根据植物利用太阳光进行光合作用的原理，现代园艺或者植物工厂内都结合了补光技术，在冬春两季日照时间短，以及出现沙尘、雾霾、连阴寡照等灾害天气时，利用补光灯代替太阳光来给温室提供植物生长发育所需光源，从而促进植物生长。

（一）技术内容

应用范围：植物组织培养、蔬果种植、设施园艺与工厂化育苗和航天生态生保系统等。

（1）植物光合作用需要的光线，波长在400~720nm。440~480nm（蓝色）的光线以及640~680nm（红色）对于光合作用贡献最大。按照以上原理，植物灯基本都是做成红蓝组合、全蓝、全红三种形式，覆盖光合作用所需的波长范围。

（2）植物光合成和光形态建成的光谱范围吻合。

（3）LED使用50W的红光和蓝光灯。

（二）装备配套

（1）电源：220V 家用电源。

（2）定时器：选用固定计时器，按照北京时间设置补光灯的开闭，根据不同植物的光照需求设置光照时间。

（3）LED 灯：根据不同用途选用合适的红蓝光 LED 灯，灯具为 50W，输入电流为 0.2~0.5A（图 4-27）。

（4）铺设电路所用电线。

（三）操作规程

图 4-27　LED 补光灯灯泡

（1）该设备的工作环境为 –20~40℃，储存条件 –40~85℃。

（2）植物顶端距离 LED 植物灯控制在 0.5~2m 之间，这个距离不仅能让植物接受到充分的光照，同时 LED 植物灯能照射更广泛的面积。

（3）植物在各个生长阶段需要的补光程度是不一样的，在发芽及育苗期需要的光照不是很强，可以将植物灯距离升高，减少 LED 植物灯数量，避免电能浪费（图 4-28）。

（4）合理控制 LED 植物灯给植物补光的时间，一般不超过 16h。

（5）LED 植物灯只能室内使用，电源接通以后不要触碰 LED 植物灯表面。

（6）做好安全措施——防雷、防水、防虫、防尘。

图 4-28　补光灯

（四）质量标准（作业）

（1）灯具应无破损、变形、污迹等缺陷，无装备缺乏，光学材料应无气泡，涂层附着力良好。

（2）灯具应满足使用场所的环境要求，在使用寿命期内不应有明显的外观质量变化，使用寿命为 50 000h。

（3）灯具实测功率与标称功率相差不得大于 10%。

第五章

收获机械化技术

　　收获是蔬菜生产过程中最重要的作业环节之一，人工作业用工量多、劳动强度大。我国蔬菜机械化收获起步较晚，机械化作业水平低、技术难度大，也是目前蔬菜生产最薄弱的环节之一。

　　因叶菜类蔬菜叶片多，纤维易损伤，生长期短，收获时间紧迫，收获技术难度较大。目前，我国叶菜类蔬菜机械化收获技术存在以下问题：一是种植农艺粗放，对机械化收获作业的重视程度低；二是收获机械适应性弱，收获损伤率较高；三是收获机械体量较大，制造成本较高；四是机构较复杂，智能化水平较低。

　　叶菜类蔬菜以叶片、叶柄和嫩茎为食用部位，例如白菜、生菜、菠菜、韭菜、茼蒿等，其种类和品种极为丰富。不同种类和品种的叶菜成熟时的长势和收获后的食用部位不同，对机械化收获提出了不同的要求，进一步加大了机械化收获作业难度。

　　本书针对叶菜类收获技术，按照普通叶菜类、结球叶菜类、根茎类和其他蔬菜四个种类，介绍京郊地区应用过的主要收获机类型。

第一节　普通叶类蔬菜收获机械化技术

　　目前我国科研院所的叶菜收获机研究，大多停留在样机研制和性能试验过程中，能投入到实际生产应用的国产叶菜收获机较少。现在北京郊区个别典型蔬菜园区应用的叶菜收获机大多是美国、意大利、法国、韩国等国家的产品，本书内容主要以进口机具性能为例进行说明。

一、技术内容

叶菜收获机是应用于油菜、菜心、生菜、茼蒿等叶类蔬菜的高效收获机械，收割、传送、收集作业一体完成，弹性部件皮带可以减少叶菜收获过程中的损伤。具体技术要求如下。

（1）不同种类蔬菜的切割要求不同，工作时需要根据蔬菜的种类设定切割要求，调节割台的切割高度。

（2）叶菜收获机的作业速度因机型原理不同而区别较大，一般要根据种植品种和地块条件进行调整，以达到产品技术参数要求且收获质量较好为准。

（3）叶菜的割茬高度应保持一致。

二、装备配套（图 5-1~图 5-7）

图 5-1　萨顿 MINI 叶菜收获机

叶菜种类繁多，生长差异大，不同叶菜的机械收获方式不同。按照收获后的堆放方式，叶菜收获可分为有序收获和无序收获两种。按照收获后菜的形状，叶菜收获又可分为带根收获和不带根收获两种。以美国萨顿农业机械有限公司生产的萨顿 MINI 叶菜收获机为例，其为无序收获、不带根收获类型的机具。

图 5-2　康博叶菜收获机（1）

图 5-3　康博叶菜收获机（2）

图 5-4　康博叶菜收获机（3）

图 5-5　RJP1200 型叶菜收获机（1）

图 5-6　RJP1200 型叶菜收获机（2）

图 5-7　RJP1200 型叶菜收获机（3）

三、操作规程

（一）叶菜收获机使用前的前期检查

检查叶菜收获机各零部件是否正常，检查所有连接处螺栓是否紧固和安装正确；检查刀刃或传送带部分是否有异物；检查确认收获机电池充电量。

（二）叶菜收获机的调整与保养

作业前根据蔬菜的生长和食用特点，精确地调节割台的切割高度；作业完毕后及时清洗割刀，保证无异物、杂物；保管时注意刀片不要受损，将回转部分注入润滑油后保管。

（三）叶菜收获机的作业

叶菜收获机工作时要走为机器预留行走的垄沟；行驶速度不能过快，应选择中、低挡速度工作；保证田间转向灵活及平地行驶方便。

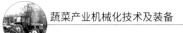

要熟悉菜地田块地形，注意机具下田、过沟、过坎、行走安全等事项，熟练掌握机车跨越障碍物、转弯、收割、行走、装袋的操作要领。

四、质量标准（作业）

叶菜收获机在工作过程中主要注意以下关键问题。

（1）在收割蔬菜的过程中，尽量减轻对蔬菜茎叶的损伤，顺利切割，避免缠绕刀具，保证破碎率小于0.5%以及含杂率在6%以内。

（2）在收割蔬菜的过程中，高速回转的刀具会产生一定的振动，其振动幅度必须在可控制范围内，避免割台机构对蔬菜产生损伤，保证总损失率小于或等于8%。

（3）割台机构必须工作可靠，运行平稳顺利，便于调整和更换刀具，保证割茬高度合格率大于80%。

（4）在确保以上标准的前提下，生产率（hm²/h）应达到产品说明书规定。

第二节　结球叶类蔬菜收获机械化技术

国外在甘蓝收获方面发展起步较早，1931年前苏联率先研制成功世界上第一台甘蓝收获机，1960年后，美国、加拿大、日本等发达国家先后研制出一次性甘蓝收获机。

目前，我国甘蓝收获主要以人力作业为主，甘蓝收获机械还处于初步发展时期，在该领域的研究尚少，是一项季节性强、劳动强度大、劳动密集型的工作，因此对甘蓝收获机械技术装备的需求日趋迫切。目前在京郊规模化蔬菜种植园区应用有意大利HORTECH公司单行甘蓝收获机。

一、技术内容

甘蓝收获机可以进行甘蓝、大白菜类蔬菜的收获作业，多采用先切根后拾取的方式，输送带将收获后的甘蓝送至整理平台，由人工清理残叶并装箱。以意大利HORTECH公司单行甘蓝收获机为例，技术要求如下。

（1）甘蓝收获机工作时的适用行距为最小350mm。

（2）工作时甘蓝收获机的作业速度约为2km/h。

（3）单行甘蓝收获机在拖拉机向前行走时，首先要保证收获机对准一行甘蓝，收获机前面的收集机构保证大部分甘蓝能够尽量多而准地收获和收集。

二、装备配套

甘蓝收获机按照行走形式可以分为自走式、牵引式和悬挂式三种；按照收获方式可以分为一次性收获和多次选择性收获；按照收获行数可以分为单行和双行。

以意大利 Hortech 公司单行甘蓝收获机为例，它属于悬挂式、一次性收获、单行甘蓝收获机，外形尺寸为 6 500mm× 可变数据 ×1 700mm，轮距为 1 650mm，净重 800kg，有独立的液压系统，配有泵和电磁阀；前置切割刀头，传感器调节切削深度；侧装货框装卸系统；后置踏足板和传送带，可放置收获箱（图 5-8~图 5-12）。

图 5-8　甘蓝收获机（1）

图 5-9　甘蓝收获机（2）

图 5-10　甘蓝收获机（3）

图 5-11　甘蓝收获机（4）

图 5-12　甘蓝收获机（5）

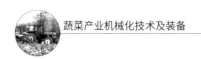

三、操作规程

（一）甘蓝收获机使用前的安全检查

检查收获机各零部件是否正常，检查所有连接处螺栓是否紧固和安装正确；检查刀刃或传送带部分是否有异物；检查液压系统是否工作正常；使用前机器空转两分钟，确保各部件无异响，运转灵活。

（二）甘蓝收获机的调整与保养

由于多次重复使用，液压系统可能出现供压不足的现象，必要时应及时更换液压油和配件；及时检查各部件有无漏油现象，必要时更换纸垫或油封；检查传感器和货架装卸系统的各部件，若不能正常工作，需要及时调整。

（三）甘蓝收获机的作业

甘蓝收获机工作时要为机器预留行走的通道；保证田间转向灵活及平地行驶方便；行驶速度不能过快，应选择中、低挡速度工作；要熟悉田块地形，注意机具下田、过沟、过坎、行走安全等事项。

四、质量标准（作业）

甘蓝适应性广，抗逆性强，容易栽培，产量高，耐运输，耐贮藏。随着人民生活水平的不断提高，除数量要求外，市场对甘蓝叶球的球形、球色、球面、大小等外观品质和叶球紧实度、中心柱长度、耐裂球性、耐贮运性等提出了愈来愈高的要求，这样也对收获作业提出了更高的要求。

（1）采用甘蓝收获机进行甘蓝收获时，要选用适宜长度的输送带，将圆盘切割器调整至适宜高度，保证既不切碎甘蓝球体，又不铲土，平均每台收获机配备4~6人进行切割外包叶及筛选作业。

（2）作业质量应达到甘蓝破损率≤3%，收获效率≥5 000株/小时。

第三节　根茎类蔬菜收获机械化技术

京郊胡萝卜种植面积较小，在规模化种植园区有应用丹麦阿萨利CM1000型单行胡萝卜收获机，其作业性能可以满足农艺需要。

一、技术内容

胡萝卜收获机的主要功能是挖掘、夹持和收获，同时切顶，最后将胡萝卜装箱。

（1）胡萝卜收获机的工作宽度为300mm，因此适宜的作业垄距应大于300mm。

（2）适宜垄上多行，行距应满足双苗带间距小于100mm。

（3）丹麦阿萨利CM1000型单行胡萝卜收获机为单臂悬挂式收获机，作业时须单侧单向收获，避免碾压未收获的胡萝卜。可在一块地的两侧来回收获，或者在地块的中间开出行进通道，向通道的左右两侧收获。

二、装备配套

胡萝卜收获机按作业范围分为大型侧牵引联合收获机和自走式中小型收获机两类。大型侧牵引联合收获机作业效率高，适合大面积作业。自走式中小型收获机机器结构紧凑，配套动力小，适用于小地块作业。按同时收获的行数可分为单行、双行、多行三种类型。以丹麦阿萨利CM1000型单行胡萝卜收获机为例，其外形尺寸为3 000mm×2 300mm×2 000mm，轮距为2 000mm，主要配置2.5m高侧输送臂（图5-13～图5-16）。

图5-13　阿萨利CM1000型单行胡萝卜收获机（1）

图 5-14　阿萨利 CM1000 型单行胡萝卜收获机（2）

图 5-15　阿萨利 CM1000 型单行胡萝卜收获机（3）

图 5-16　阿萨利 CM1000 型单行胡萝卜收获机（4）

三、操作规程

（一）收获机使用前的安全检查

检查收获机各零部件是否正常，检查所有连接处螺栓是否紧固和安装正确；检查变速箱是否加足齿轮油，轴承是否注足润滑脂；使用前机器空转两分钟，确保各部件无异响，运转灵活。

（二）收获机的调整与保养

变速箱在使用中由于轴承、齿轮的磨损，轴承间隙和齿轮啮合情况会发生变化，必要时应及时调整；及时检查各部件有无漏油现象，必要时更换纸垫或油封，齿轮油不够时应添加到规定油位；检查万向节及传动系统各部位轴承、油封，若失效应拆开清洗或更换新件，加足润滑油。

（三）收获机的作业

田间作业时将手柄置于"结合"位置，将机具与发动机变速箱连接，运转平稳后开始作业。注意作业时需要预留机行道。

四、质量标准（作业）

收获时期要适时。过早则根未充分长大，产量低，甜味淡；过迟则肉质根变粗变老，易发生糠心，品质变劣。一般春播胡萝卜在 7 月上中旬可以收获，虽然产量稍低，但价格较高。夏播胡萝卜在 9 月中旬至 10 月中旬可以收获。

收获时应保证以下质量标准。

（1）损失率 ≤ 5%。

（2）损伤率 ≤ 5%。

（3）含杂率 ≤ 5%。

（4）切头合格率 ≥ 85%。

（5）纯工作小时生产率（hm^2/h）不低于设计值。

（6）环境噪声 ≤ 89dB。

（7）密闭驾驶室的驾驶员操作位置处噪声 ≤ 90dB；简易驾驶室的驾驶员操作位置处噪声 ≤ 94dB。

（8）挖掘深度在 0~350mm 可连续调节。

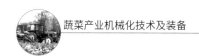

第四节　其他蔬菜收获机械化技术

京郊韭菜种植面积较小，一般种植规模较小，在规模化种植园区有应用康博 JT-HV 电动韭菜收割机，其作业性能可以满足农艺需要。

一、技术内容

韭菜收获机适用于韭菜的对行收获，集收割、传送、收集于一体，设计的弹性部件皮带可以保护韭菜不受损伤。

（1）将韭菜从根部切断，且不能额外损伤韭菜根部，以免影响下一茬韭菜的收成。

（2）韭菜的割茬高度应一致，否则影响下一次收割及后续加工。

（3）不能碾压到附近的韭菜及割茬。

二、装备配套

以康博 JT-HV 电动韭菜收割机为例，外形尺寸为 1500mm × 600mm × 700mm，整机重量为 100kg（图 5-17）。

图 5-17　康博 JT-HV 电动韭菜收割机

三、操作规程

（一）韭菜收割机使用前的前期准备

使用机器前要检查刀刃或传送带碴子部分是否有异物；确认操作板（驱动、传送带、刀刃）的开关处于停止状态；检查各处的螺栓是否有松动；检查电量是否充足。

（二）韭菜收割机的检查和保养

及时检查韭菜收割机的轮胎胎压；机器作业环境潮湿时应保证作业完毕后停放在通风干燥的空间，切忌电路潮湿；因韭菜汁液有较强的腐蚀性，每天收工后要将机器擦拭干净。

（三）韭菜收割机的作业

作业时，根据韭菜种植地的土壤情况与韭菜的种植行距，调节控制盒控制割幅调整机构；将分禾器与割刀调整到合适的水平位置，再使用扳手调节割刀调整机构，将割刀调整到合适的竖直位置；此时操控驱动轮行走，割刀与输送机构开始切割与输送。

机具行走与切割过程中，机具前端设置的行走轮紧贴地面行走，使割刀对地面进行仿形，保证韭菜的割茬高度一致。

四、质量标准（作业）

收割季节主要在春秋两季，夏季韭菜品质差，一般不收割。

韭菜适于晴天清晨收割，收割时刀口距地面 20~40mm，以割口呈黄色为宜，割口应整齐一致。两次收割时间间隔应在 30d 左右。

春播苗，可于扣膜后 40~60d 收割第一刀。夏播苗，可于第二年春天收割第一刀。在当地韭菜凋萎前 50~60d 停止收割。

第六章

产后加工机械化技术

第一节　果蔬分级机械化技术

果蔬分级机械化技术是根据果蔬的尺寸、形状、重量、色泽、品质等特性，采用机械将物理特性相近的同类果蔬分级的技术。

根据分级方式将果蔬分级机分为形状分级机、重量分级机、色泽分级机、甜度分级机等。一般形状分级机、重量分级机多采用机电构成，成本较低，应用较广。而色泽分级机、甜度分级机等使用很多光电传感技术，成本较高，只适用于大型专业化企业。

本节重点介绍重量分级机，重量分级机具有果品损失率低、分级精度较高、操作调整方便、成本较低、适用性广等特点，广泛适用于近球形果蔬机械分选。

一、技术内容（图6-1）

图6-1　重量分级机

（1）根据分级果蔬直径选取适宜的重量分级机。

（2）根据不同分级需求调整固定天平各级砝码重量，按分级区间砝码重量在果蔬输送方向上由大到小依次排列。

（3）果蔬分级前应对果蔬进行初步处理，去除泥土、枝叶等杂物。

二、装备配套

（一）结构构成

重量分级机主要由机架、上料系统、输送系统、分级系统、控制系统等组成。上料系统上料后通过输送系统将果蔬输送至分级系统，分级系统根据控制系统事先设定的重量级别对果蔬进行分级，分选到不同的收集筐中。

（二）工作原理

通过上料口倒入近球形果蔬，通过 2 级变频电机驱动的辊子使果蔬在辊子前端均匀前进，依次逐个进入果斗（果斗中进入 2 个及以上果蔬时需要人工拿出放入空果斗中），传送带上放置果蔬的果斗在无约束状态下移动，用固定式天平按重量进行分选，达到标准重量的由导杆连斗带果导入分路，低于该级标准重量的，继续向前移动，由下一级天平继续按重量进行分选（图 6-2）。

图 6-2　分级过程

三、操作规程

（一）操作规程及安全注意事项

（1）机器内残果等垃圾必须定期清理。

（2）使用人员必须先了解机器的使用特点和安全事项，方可操作。

（3）启动前先点动试车，然后空运转 1~2min，查看传动系统（电动机、辊子、减速器等)和果斗的运动是不是平稳，确认一切正常后，方可进行蔬果分级。

（4）分选过程中只能在送料口、分选工作台、出料口进行操作，不得在机器运行时接触机器其余部分。

（5）检查分级机零部件或维修时，必须确定断电作业。

（二）保养与维修

（1）作业中要随时观察果斗及辊子状态，发现问题应及时停机检修。

（2）每次作业结束后要及时检查各部位是否有松动现象，发现异常及时矫正。

（3）长期停放时，应注意防锈，并定期检查。

（4）机器各部需要润滑的地方要经常注油润滑，减速器里的润滑油半年更换一次。

（5）启动设备前和用完设备后应检查各工作部件有无磨损、变形或损坏，若发现问题，应及时予以更换。

（6）作业结束时，清理打扫机器。

（7）更换的配件须符合生产厂家的性能标准，最好使用原装的配件。

四、质量标准（作业）

质量标准见表6-1所示。

表6-1　分选作业质量标准

序号	项　　目	质量指标要求
1	噪声	≤ 85dB(A)
2	损伤率	≤ 5%
3	分级合格率	≥ 95%
4	轴承温升	≤ 20℃
5	吨料电耗	符合企业规定指标
6	纯工作小时生产率	符合企业规定指标

第二节　果蔬包装机械化技术

果蔬包装是果蔬标准化、商品化的重要措施，具有保护果蔬、方便运输、延长保鲜、区分品质、品牌展示等作用。包装方式多种多样，常见的有装筐、扎绳、普通装袋、真空包装、封膜包装、裹包等多种方式。

其中采用封膜包装是一种成本较低、包装方便，同时能有效延长果蔬保鲜期、便于小包装零售的包装方法，应用十分广泛，本节主要介绍自动封膜包装机的果蔬包装机械化技术。

一、技术内容

（1）根据不同果蔬制定包装规格及标准。

（2）依照包装规格及标准将果蔬进行去叶、弯折等初步处理后装盒、装托盘或直接选择裸包。

（3）将果蔬放入自动封膜包装机进料传送带上进行包装（图6-3）。

图6-3　封膜包装

二、装备配套

自动封膜包装机一般同时具有包装、称重、贴码功能，目前市场上较为成熟产品为日本进口封膜包装机（图6-4）。

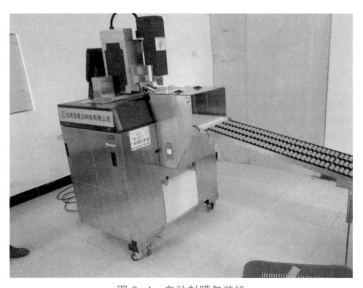

图6-4　自动封膜包装机

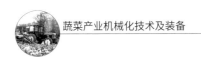

三、操作规程

（一）操作规程及安全注意事项

1. 操作规程

（1）打开电源开关，机器开机并进行自检。

（2）慢速试包装 5~10 盒果蔬，看机器运转是否正常。

（3）正式作业，开始大规模包装果蔬。

2. 注意事项

（1）操作员必须经过培训并考核合格后才能上岗作业。

（2）操作员工需蓄短发或工作时戴好防护帽才能上岗作业，防止头发卷入机器。

（3）开机工作前需仔细检查传送带、工作台保持清洁卫生。

（4）机器通电时手指等身体部位不能置于传送带下或机器内，时刻保持安全意识。

（5）维修或清洁机器时，必须确定断电作业。

（二）保养与维修

（1）作业中要随时观察机器工作状态并注意有无异响，发现问题应及时停机检修。

（2）启动设备前和用完设备后应检查各工作部件有无磨损、变形或损坏，若发现问题，应及时予以更换。

（3）作业结束时，清理打扫机器。

（4）长期停放不用时，应注意对机器进行遮盖处理。

（5）应按使用情况制定设备维护、保养计划，可延长机器使用寿命，降低故障，减少检修费用支出。

四、质量标准（作业）

质量标准见表 6-2 所示。

表 6-2　封膜包装作业质量标准

序号	项　目	质量指标要求
1	噪声	≤ 85dB(A)

序号	项　目	质量指标要求
2	包装合格率	≥ 98%
3	保鲜膜宽度	350~450mm
4	标签类型	热敏标签纸
5	标签规格	符合企业规定指标
6	包装效率	符合企业规定指标
7	包装规格	符合企业规定指标
8	称重范围	符合企业规定指标
9	电耗	符合企业规定指标

第三节　果蔬保鲜机械化技术

果蔬生产具有季节性强、区域性强、易腐烂变质的特点，为了降低果蔬产品损耗，延长果蔬产品供应期，提高其附加值，通常在果蔬采摘后进行贮藏保鲜。

保鲜库作为主要的果蔬保鲜机械化技术，通俗理解就是体积比较大的冰箱。在这种大型的"冰箱"里，既可贮存果蔬，也可以对产品进行加工。该技术在各地均广泛应用。

平时常见的果蔬保鲜库多为小型保鲜库。本节以小型保鲜库为主介绍果蔬保鲜机械化技术。

一、技术内容

（1）根据基地果蔬产量建设适宜大小的冷库。

（2）根据贮存的果蔬产品种类设定最佳保鲜温度。

（3）对存放在一块容易加速成熟、变质或串味的果蔬需要分开贮藏（图6-5）。

图6-5　冷库内部

二、装备配套

小型保鲜库通常由压缩机、冷凝器、储液器、干燥过滤器、膨胀阀、冷风机（蒸发器）、温度控制器、电器控制箱、墙面保温材料等组成（图6-6）。

图6-6 冷库外部

三、操作规程

（一）操作规程及安全注意事项

1.操作规程

（1）打开控制器开关，等待自检正常后启动。

（2）冷库运行过程中需指定专人每2h对冷库所显示温度作一次记录，查看冷库显示温度是否在设定范围内。

2.注意事项

（1）严禁一切烟火及火种进入保鲜库，库内禁止吸烟。

（2）库内不能动用明火作业。如确实需要，需报告安全主管批准后，由安全主管现场监护作业，作业后需带离火种。

（3）库区内不准乱拉临时电线，违章安装插座。如确实需要，需安全主管批准，由专业电工负责安装。

（4）引进库房的电线必须装在阻燃塑料管内。

（二）保养与维修

（1）冷库长期不使用时需切断总电源。

（2）定期擦拭风机；定期给门把手、铰链、轨道添加润滑油；定期检查各连接管路是否牢固、有无液体渗漏。

（3）定期检查温控器准确性。

（4）定期检查结霜、除霜情况；定期检查室外机组震动情况。

（5）保鲜库定期清理消毒，每 7 天扫霜一次；每年至少进行一次清洁消毒。

四、质量标准（作业）

见表 6-3 所示。

表 6-3　冷库作业质量标准

序号	项　　目	质量指标要求
1	制冷面积	符合企业规定指标
2	制冷温度	符合企业规定指标
3	能耗	符合企业规定指标

第四节　果蔬冻干机械化技术

一、技术内容

真空冷冻干燥技术是真空技术与冷冻技术相结合的一项生产高品质脱水食品的高新加工技术。它是先将预处理的含水物料冻结到其共晶点温度以下，使物料中的游离水结晶，然后在适当的真空度下，提供一定热量，待结晶水升华结束后再逐步地升高温度以除去部分的结合水，从而达到在低温低压下获得高品质干燥的目的。果蔬真空冷冻干燥的操作过程一般分为预处理、预冻、升华干燥、解析干燥和后处理五个阶段。

二、装备配套

冻干机按照不同用途可划分为实验用冻干机和生产用冻干机；按照干燥搁板

面积大小划分为小、中、大 3 种类型（冻干面积在 $1m^2$ 以下的为小型；$1\sim10m^2$ 为中型；$10\sim50m^2$ 为大型）；按冻结方式划分为冻干合一型和冻干分离型；按作业方式划分为间歇式、半连续式和连续式；按干燥仓形状划分为方形、圆型和隧道式；按自动化程度划分为手动型、半自动型和全自动型。无论何种类型，一般都由干燥箱体、加热系统、真空系统、制冷系统、控制系统几部分组成（图 6-7，图 6-8）。

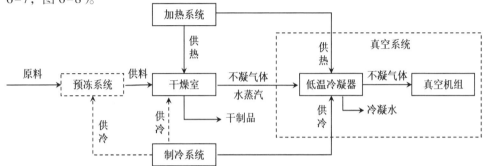

图 6-7　真空冷冻干燥系统组成

图 6-8　中型冻干机

三、操作规程

（一）开机前的准备工作

（1）熟悉该设备的结构、原理、性能、操作要领及操作注意事项。

（2）现场巡检，检查冻干箱内测温探头是否安放准确；检查压缩机的润滑油、真空泵的真空油，均应清澈不黏稠，符合要求，油位是否在油镜中位。

（3）检查制冷系统中的所有阀门是否处于开启位置；检查真空系统中的阀门位置是否符合正常工作要求，凡是通往外界大气的阀门均应关闭。

（4）检查冷阱内水是否已排放干净。

（5）检查中间介质循环系统中的阀门位置是否符合正常工作要求，通大气的阀门应关紧，其余阀门应常开。

（6）检查电源电压是否正常，控制柜上各开关是否处于复位位置。

（7）安装完或检修完的检修项目：检查各接线和熔断器是否松动，设备接地是否正确；检查真空泵的电机转向是否符合正常工作要求。

（二）冷冻干燥

（1）开机后开启循环泵、压缩机、预冻阀，对制品进行预冻，直到冻干物料的温度达到工艺所要求的温度，并保持一段时间。

（2）对冷阱进行制冷，关预冻阀、关循环泵、开冷阱阀。当冷阱温度低于 −60℃后，开启真空泵，系统开始抽真空，当冻干箱的真空度达到 60Pa 以下，开循环泵。

（3）进入操作窗（程序冻干）操作，首先选定已编写好第 XX 号冻干工艺程序，然后调用第 XX 号冻干程序，该号程序曲线即刻被置入为当前值。返回主界面开启加热、补冷阀，在此后的时间里，板层加热将按编写好的冻干工艺程序进行（冻干工艺曲线）直至程序终点。冻干结束后，关加热，关真空泵，插上充气阀，开启箱门取出制品，关闭电源。

（4）需要进行除霜的，应重启电源，进入系统打开除霜，冰脱落后会自动停止。

（5）需要进行真空压塞的，在充气之前进入系统，按压塞下降按钮，搁板会缓慢下降，进行压塞，产品压塞结束后按上升按钮，板层上升释放空间，充气出箱，取出制品，关掉电源（注：可在冻干结束后真空下压塞或充入惰性气体下压塞）。

有的设备还可进行全自动冻干操作，在进行全自动操作时务必确认各阀门已关闭，真空密闭良好，才可进行程序设定，开机运行。

四、质量标准（作业）

冻干果蔬的加工作业质量要求较为严格，进行作业质量检验时，抽样率占每批总数 10%（客户有特需要求除外）每件随机抽取小样，混匀后作待检样品，下述检验项目均为行业推荐指标，大致如下。

（1）感官指标。

色泽：应有该品种原料的色泽。

香味：应有该品种的香味（或熟制后的香味）。

粒度：指规格，依客户要求而定，其中粉末 $\leqslant 2\%$。

（2）水分：$\leqslant 5\%$。

（3）夹杂物：不得检出（指非原料或其裂解物）。

（4）微生物：细菌总数 $\leqslant 500$ 个 /g；大肠菌群 $\leqslant 10$ 个 /100g；致病菌：不得检出，或依客户要求另定。

（5）重金属：砷（以 As 计）$\leqslant 1.0$mg/kg；铅（以 Pb 计）$\leqslant 2.0$ mg/kg；铜（以 Cu 计）$\leqslant 60$mg/kg。

（6）装量：不低于标示量。

（7）包装材料：依客户要求而定。

第七章

蔬菜生产智能装备技术

蔬菜生产主要包括设施农业蔬菜生产和露地蔬菜生产。设施农业蔬菜生产由于设施环境封闭可调控、土地产出率高等特点，信息化、智能化技术应用比例较高，主要应用在生长中的管理环节，常见技术包括日光温室自动控制技术、环境信息采集技术、水肥一体化技术、数字化管理技术以及被认为目前最高端的植物工厂技术。信息化技术、智能化技术的应用为劳动生产率、资源利用率和土地产出率的提高提供了支撑。露地蔬菜生产中应用的智能化技术主要有农机自动驾驶技术、卫星平地技术等，应用相对较少。

第一节 温室自动控制技术

一、技术内容

温室自动控制技术是设施农业中最常见的智能化技术之一，具体设备形式多样，简单的设备可以现场操作卷帘机、卷膜器工作，查看温室温度和湿度等；比较完善的技术为基于物联网技术的设备，可以与信息采集设备、远程管理软件平台通过 GPRS、4G 等方式进行通讯，可以现场或者远程控制温室内设备的工作状态，下面以基于物联网的温室自动控制技术为例进行介绍。

智能化、信息化技术的应用，将真正实现农民足不出户也可以管理温室的愿望，温室管理人员坐在办公室，用电脑或者手机就可以直接操作温室卷帘机、补光灯等一系列设备，温室自动控制技术是实现该目标的一个基础，对生产效益的体现在以下几个方面。

提高劳动生产率。采用温室自动控制技术，可以远程通过手机 APP 或者管理云平台远程操控温室内设备的开关状态，不需要在温室间来回奔波，通过将多种设备控制集成在一个平台，极大地提高了工作效率，可以通过采用专人管理的方式，节约管理劳动力。

提高工作舒适度。由于农业工作环境相对恶劣，很多年轻人不愿意从事农业工作，造成了农业园区招工难，人员年龄偏大的难题，应用现代化的自动控制技术，劳动人员可以坐在办公室内完成温室管理，极大地提高了劳动人员的工作舒适度。

二、装备配套

温室自动控制技术装备包括温室自动控制设备以及卷帘机、卷膜器、补光灯等环境调控设备（图 7-1）。

图 7-1 温室自动控制设备

温室自动控制设备的直接功能是操控卷帘机、卷膜器、补光灯等设备的工作状态，也是信息采集、温室内各设备以及远程管理云平台三者的一个连接枢纽，可以进行信息数据和操控命令的传输，最终实现温室管理人员便捷化管理，可以现场或者远程管理云平台、手机 APP 等方式，进行数据查询、设备控制等，大大提高了工作效率。温室自动控制技术主要包括以下三部分功能。

（一）控制温室内设备

通过控制器上的按键开关或者触屏，现场可以直接控制各设备的运行状态。设备类型包括各种环境调控和物理增产等设备，温室内常见设备有卷帘机、卷膜器、简易灌溉设备、二氧化碳施放装置、加热装置、循环风机、空间电场、补光灯等，根据需要可以接入若干种设备，理论上通过上电和断电控制的设备均可以接入（图7-2）。

补光灯

卷膜器

声波助长仪

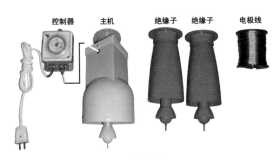

空间电场

图7-2 温室常用环境调控设备

（二）环境信息显示和环境信息中转站

作为温室内信息采集设备与远程管理云平台的信息中转站，温室内信息采集设备采集的信息先传到该自动控制设备，再通过4G或者GPRS等方式传输到远程云平台，自动控制设备接受到远程管理云平台的信息采集的相关命令，通过有线或者无线方式传输到环境信息采集设备。高端控制器均配备控制器触摸屏和安卓等软件系统，可查看温室的实时信息数据和温室内设备运行状态（图7-3，图7-4）。

（三）与远程管理云平台进行数据和命令的实时通讯

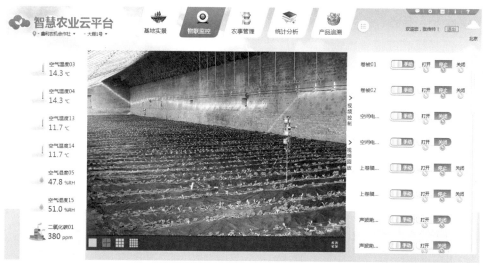

图 7-3　远程管理云平台——控制界面

它内部配有 4G 通信模块，可实现远程管理，把温室采集的信息和卷帘机、补光灯等设备的运行状态与远程云平台保持实时一致。该功能使得管理人员除现场可操作外，通过手机和远程管理云平台也可查看温室信息和对温室内的各种设备进行远程控制。

三、操作规程

（一）确保电源稳定安全

每天定时检查电源是否供电正常，温室控制器是否工作正常，防止电源短路、断路以及设备损坏问题。

（二）操作前后注意观察

在操作前、操作中、操作后要注意观察卷帘、卷膜和补光灯等设备是否正常运行，正常运行一段时间后方可离开，发生异常，及时关闭设备。

图 7-4　远程管理云平台——手机 APP

（三）定期检查设备状态

每年定期组织设备厂家对设备进行检修维护，及时发现隐患故障，出现故障后，停止使用，及时维修后方可使用。

四、质量标准（作业）

温室自动控制设备建议配套技术参数。

（一）自动控制设备配套数量

普通日光温室，面积大约 1 亩左右，可以每两栋日光温室配备 1 套温室自动控制设备；面积大于 2 亩的大型日光温室，若采用两台卷帘机管理，相应的设备也较多，建议每栋配备 1 套温室自动控制设备。

（二）具有足够电源控制开关，方便后期增加控制设备

至少可控制卷帘机、卷膜器、空间电场、补光灯、内循环风机等常见设备，并配备相应功率的配件，卷帘机、卷膜器需要正反转控制，均需要 2 路电源控制，补光灯根据需要设置 1 路或多路控制，空间电场、内循环风机均需要至少 1 路电源控制。

（三）远程传输采用 4G 通讯模块

自动控制设备与远程云平台进行数据和命令传输，传统的方式为采用 GPRS，随着 4G 技术的普及，4G 传输具有信号稳定、信息量大、信息传输快等优势，逐渐取代了 GPRS 方式。

（四）配置触摸屏和安卓等软件系统

目前触摸屏和软件系统已经是高端温室控制设备的必备技术，可现场查看数据、系统配置和设备控制，为操控提供了极大的便利。

（五）采用无线通讯方式与环境采集模块通讯

传统的数据线信号传输，为线路铺设、后期挪动和农业作业等带来了极大的不便，Ziggbe 等无线通讯技术发展成熟，信号稳定，逐渐替代了有线方式。

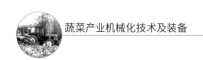
第二节 信息采集技术

一、技术内容

温室信息采集技术包括三个方面：环境信息、作物长势信息和视频图像信息，可以让农民实时掌握温室内环境信息和作物长势情况。目前，环境信息监测和视频图像监控技术比较常用，作物长势监测推广应用数量较少，且成本较高，视频监控技术由于图像流量大，通常通过网线直接与网络连接进行传输，环境信息监测数据量少，通过更便捷的 GPRS 或者 4G 进行通讯。

设施农业由于封闭空间、容易调控和高产值的特点，信息监测技术具有较高的效益价值，为精准农业提供了技术支撑。效益主要包括以下几方面。

（一）远程监测，提高劳动生产率

管理人员通过远程管理云平台或者手机就可以实时查看设施内环境信息和作业情况，不需要频繁在温室内往返，提高了管理人员的劳动效率。

（二）信息数据化，为精准化管理提供技术支撑

信息监测技术的引进，改变了传统的靠人感觉的落后方式，信息数据化也为管理方式的不断改进和积累提供了技术参考，实现了数据的储存和分析，实现了由定性到定量的转变，是由传统农业走向智能化农业的基础，也是现代化、规模化农业管理的必然要求。

二、装备配套

（一）图像信息采集

视频图像监测目的，一是温室管理人员可随时通过远程云平台或者手机查看温室内作物的长势情况、各设备的运行状态情况和工人作业情况，并可采集各个时期作物长势图片保存以便查询；二是用于作物疾病诊断方便专家指导，当作物发生病虫害或生长不良等问题时，通过远程管理云平台的远程视频或者图像采集，专家可以通过视频远程查看作物真实的病虫害情况，为温室管理人员提供精准的管理意见。

图像视频监控硬件设备普遍采用球机摄像机或者枪机摄像机。球机摄像机特点是价格较贵，是枪机的几倍甚至十几倍以上，但是功能齐全强大，清晰度高，

可以调整焦距，上下左右旋转；枪机成本较低，不能远程调整控制，但也可以满足基本需求。因此，在实践中，农业园区可以根据需求，枪机和球机摄像机搭配使用（图7-5）。

图7-5　球形摄像机

（二）环境信息采集

环境信息监测是目前最常见的信息化技术，但是由于不同环境信息需要配置不同传感器，不同传感器成本、维护、使用寿命、效益等问题，常见的信息采集种类为空气温度、空气湿度、光照强度、土壤温度、土壤湿度等（图7-6）。

环境信息监测硬件通常由信息采集控制终端和对应的传感器组成。目前可采集的气候环境参数，包括温室内温度、湿度、二氧化碳浓度、光照强度，土壤环境参数包括土壤温度、土壤水分和盐分（图7-7）。

信息监测技术按照整体硬件技术架构，最简单的一种是采集后直接显示，不传输到远程平台；另一种是采集终端采集后，直接传输给远程管理平台；最复杂的一种，是基于物联网技术，采集了传输给

图7-6　环境信息采集设备

光照传感器

土壤盐分传感器

土壤水分传感器

图7-7　部分环境因子监测传感器

具有控制功能的自动控制设备，转发给远程管理云平台（图7-8~图7-10）。

基于物联网技术的信息采集技术，按照通讯方式，分为有线通讯方式和无线通讯方式。无线通讯方式：采集终端采用ZigBee技术等无线传输技术，通过无

图 7-8　无线采集终端

线射频与温室外自动控制设备进行信息传输，相对有线传输方式，设备布设只需在温室内布设一根电源线供电，不需要在温室里布设复杂的数据传输线，当温室内耕整地、作物拉秧作业时，挪动较方便。

按照硬件结构集成度，可分为整体化设计和模块化设计，与整体化设计相比，模块化设计的每个传感器对应着相应采集终端，可进行增加和拆卸维修，整体化设计需要整体更换和维修，后期增加采集因子比较困难。

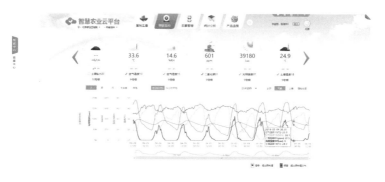

图 7-9　远程管理云平台——信息查询、展示、下载界面

图 7-10　温室环境信息采集

（三）作物长势信息采集

作物长势信息监测是比较复杂的技术，需要后台数据模型研究和分析支撑，目前应用较少。采集因子包括作物茎干微变化、果实膨大、径流和叶面温度等等。可采集作物非常细微的变化，能反映短时间内作物长势情况，可为水肥管理和环境调控提供参考信息，也是进行技术效果验证的一个辅助工具。应用作物长势监测技术，使每一次种植管理的效果都能量化，可记录作物每天的生长情况，从而更科学地制定种植方案（图7-11，图7-12）。

茎秆微变化传感器　　　　果实膨大传感器　　　　叶面温度传感器

图 7-11　作物长势监测传感器

图 7-12　信息监测手机 APP 界面

三、操作规程

（一）及时查看设备采集数据是否正常

每天登陆网站或者 APP 查看采集数据是否异常，若存在无数据或者数据异常问题，及时查看电源是否正常、传感器位置是否摆放正常，或者通过重新上电重启设备方式，若不能解决问题，及时联系设备企业技术人员进行维修。

（二）定期校准传感器数据

每年至少校准核对传感器采集数据一次，确保采集数据符合精度要求。可以通过便携式信息监测仪器进行核对校准。

四、质量标准（作业）

（1）根据具体需要，每栋温室配套最多 1 套；建议同一个园区种植同品种作物的温室可配置 1 套；规模化园区建议每套设备覆盖 3 栋日光温室，以便减低成本。

（2）气候环境信息可监测空气温度、湿度、光照强度、二氧化碳浓度。

（3）土壤环境信息可监测土壤温度、土壤水分和土壤盐分。

（4）采集时间间隔可通过远程管理平台等方式设置。

（5）通过无线通讯方式与智能控制设备进行数据和命令，无线传输，无需单独布设数据线，方便铺设和农业作业。

（6）传感器参数参考。

空气温度测量范围：-20~70℃，误差 ±0.4℃。

空气湿度测量范围：0~100%，误差 ±3%。

土壤湿度测量范围：0~100%，误差 ±2%。

土壤盐分测量范围：0~20ms/cm，误差 ±2%。

茎秆直径测量范围：5~25mm、20~70mm 两个量程；分辨率：0.001mm。

果实直径测量范围：15~90mm，分辨率 0.001mm。

叶温度测量范围：0~50℃，精度：0.1℃。

依据国家推荐标准 GB/T 36346—2018 信息技术 面向设施农业应用的传感器网络技术要求。部分要求如下。

传感器结点的信号接口应符合 GB/T 30269.701—2014 的规定。

传感器结点的数据接口和数据交互要求应符合 GB/T 30269.702—2016 的

规定。

工作温度：–20℃ ~+60℃（一般情况）。

工作相对湿度：0~99% 非凝结。

在设施农业生产现场安装的传感器、路由器、网关、外壳防护等级应满足 GB/T 4028—2017 中 IP66 的相关要求。

第三节　水肥一体化技术

一、技术内容

在设施农业生产中，蔬菜生产特别是果菜生产，水肥管理是最耗费工时，也是重要的环节之一。水肥一体化技术实现了灌溉施肥由人工到自动化的转变，也为走向智能化奠定了技术基础。

实践中，规范的水肥一体化技术通常包括蓄水池、水泵、过滤装置、水肥控制器、施肥装置以及远程云平台、手机 APP 等，根据作物需求精准供给水肥。

水肥一体化技术是设施农业中带来效益较为明显、较受园区欢迎的一种信息化、智能化技术，也符合目前全国节水、节肥、提质增效的政策方针，是未来设施农业的核心技术之一。

提高水肥资源利用率。采用水肥一体化设备技术，肥料搅拌也更均匀，滴灌带和微喷带出水均匀性更好，可以防止人工操作失误或者不及时造成的灌溉过量问题。可以通过水肥管理模型的应用，对成功的水肥管理进行复制，不断修改提升。

水肥一体化技术应用，实现了水肥的精准供给，通过设置时间段、多次少量等措施，也能提升水肥的利用效率。

实践表明，水肥一体化技术可以综合提高水资源利用率 35% 以上，提高肥料利用效率 10% 以上。

提高劳动生产率，提高工作舒适度。水肥一体化技术的应用，改变了传统人工搅拌肥料、往返作业的低效模式，特别是在恶劣天气，提高了管理人员作业的舒适度和积极性。

以规模为 20 栋普通日光温室（每栋面积 1 亩）的设施农业园区为例，采用传统文丘里吸肥器，每栋温室每次灌溉施肥时间平均为 3h（受设备和工人操作影响，每次时间为 2~4h 不等，工人每隔 10min 对桶内固体肥进行搅拌，每个工人可以同时对两栋日光温室进行灌溉施肥），工作效率为：园区每次灌溉需要工时 30h；采用水肥一体化设备，20 栋温室每次灌溉施肥时间平均为 30min（倒肥料 25min，系统设置 5min，设备自动搅拌肥料，不需要人看护）；每次灌溉施肥节约工时 25.5h，劳动生产率提高 60 倍。以北京越冬番茄为例，定植时间 9 月底，次年 4 月底拉秧，生长期预计 5 个月，平均每周灌溉施肥 1 次，整个生长期预计 21 次。按照温室工人工资 100 元 / 天，8 小时工作制，20 栋日光温室规模园区每茬越冬番茄灌溉施肥环节可节约 6 694 元。

二、装备配套

（一）蓄水池

由于农业用水一般为抽取的地下水，水中泥沙含量较高，出水量也容易不稳定，设置蓄水池主要有两个目的，一是园区水井距离比较远，可保证在灌溉的时候水源比较稳定；二是园区采用的地下水，杂质含量相对较高，泥沙容易在输水管道内沉淀，不易清理，还容易堵塞微喷带、滴灌带，造成出水不均匀，而蓄水池可以沉淀水中的泥沙等杂质，通过对蓄水池定期清理，可以提高灌溉效果。

（二）变频水泵

灌溉水泵包括定频水泵和变频水泵，用来抽取蓄水池的水进行灌溉。由于每次灌溉温室数量，灌溉面积不同，因此对水压要求不同，变频水泵可以调整灌溉水压。在规模化园区，管理人员可根据灌溉温室数量、出水量要求，通过控制器调整工作频率来调节出水量和水压，保证灌溉质量（图 7-13）。

图 7-13　系统布局

（三）过滤装置

蓄水池可以对灌溉水中的泥沙等杂质进行过滤，但长期灌溉，水质仍然难以满足灌溉施肥设备的要求，因此更高要求的过滤装置必不可少。常见过滤装置有砂石过滤器和叠片过滤器等，可以搭配使用，砂石过滤器主要对大一些的杂质进行过滤，叠片过滤器可对更细微的杂质进行过滤，并且都配有反冲洗功能。过滤装置在使用过一段时间后，可通过它自带的反冲洗功能，进行反方向的冲洗，将过滤器的杂质通过单独的管道排到泵房外面去（图7-14）。

图7-14 过滤装置

灌溉水多次过滤的作用，一是防止砂石杂质在主管道和温室支管道里沉淀，因为温室外主管道为了防冻，普遍埋在地下深处，清理非常不方便；二是防止杂质堵塞滴灌带、微喷带，造成灌溉施肥不均匀问题。

（四）智能水肥控制设备

智能水肥控制设备是水肥管理系统核心的硬件。常见智能水肥控制系统普遍有手动模式和自动模式两种，在手动模式下，管理人员灌溉施肥可直接点击屏幕打开对应温室的灌溉电磁阀和施肥泵。在自动灌溉模式下，可设置灌溉程序、灌溉日期、灌溉时间段和施肥时间段，设备会在设置好的时间段内进行灌溉和施肥，操作非常简便（图7-15，图7-16）。

图7-15 水肥控制界面

图7-16 水肥管理设备主机

（五）施肥装置

施肥装置由施肥泵、pH 值和 EC 监测仪、搅拌器和肥桶等组成。肥桶普遍配置三个，用于氮、磷、钾和微量元素，以及酸碱度调节。每个肥桶可装不同的肥料，都配有独立的控制，可通过肥桶上面的搅拌电机进行搅拌。在灌溉的主管道安装了 pH 值和 EC 监测的传感器，通过灌溉系统可以随时查看和控制。一套施肥装置可满足 10-20 栋的温室使用，管理温室过少，会造成使用

图 7-17　配肥装置

成本较高；管理温室过多，由于使用统一配肥桶，会造成管道铺设较长，灌溉水肥残留较多，也会对水压有较大影响（图 7-17）。

（六）水肥管理远程控制

除现场控制外，水肥管理系统可通过远程管理云平台和手机 APP 控制，控制的方法和现场控制类似。管理人员用电脑或者用手机在办公室或者家里就可以实现温室的水肥管理（图 7-18，图 7-19）。

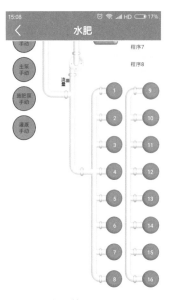

图 7-18　水肥管理手机 APP 界面

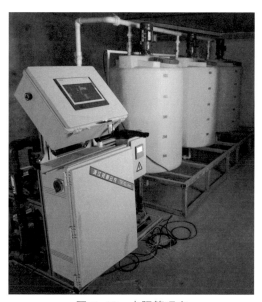

图 7-19　水肥管理室

三、操作规程

（一）在设备操作过程中，注意设备运行状态

在设备运行情况下，特别注意水泵是否运行正常、管道及滴灌带是否有漏水、堵塞情况，出现异常和故障，及时关闭设备，联系设备企业进行维修。

（二）每年定期维护保养

每年至少组织设备厂家对设备进行全面检查维护一次，更换损坏零部件，防止生产过程中的损坏或者维修不及时对生产造成经济损失。

四、质量标准（作业）

（1）可控制（包括后期可拓展）10~20栋日光温室的灌溉和施肥，降低成本。

（2）以10~20栋普通日光温室规模为例，至少包括灌溉水泵、过滤装置、控制系统、施肥泵、肥料混合装置、EC/pH值检测仪、温室电磁阀和管道等硬件模块。

（3）过滤装置由砂石过滤器和叠片过滤器组成，并都配置冲洗功能。

（4）具有定时灌溉、定量灌溉、编程灌溉等多种灌溉方式，并具有故障自动检测功能。

（5）注肥系统要求：根据设定EC/pH值，自动调节水肥比例，水肥在管道内混合，无需专门混肥池、混肥泵搅拌。

（6）设备配套远程云管理系统和手机APP，可实现远程查询和控制。

（7）技术参数参考建议

目前水肥灌溉设备配套参数由设备生产企业自主选择，并且各园区种植品种、规模不同和灌溉习惯不同，对灌溉设备的参数需求也不同。通过实践，以10-20栋普通日光温室规模为例，某园区参数如下。

灌溉离心泵扬程44m，功率11kW，水流量47m³/h。

配肥水泵扬程50m，功率3kW，水流量12m³/h。

注肥通道3个，配肥桶3个，每个容量500L以上。

EC值检测范围：（0~3）ms/cm；pH值的检测范围：0~14。

可编制灌溉程序和施肥程序10个以上。

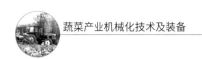

第四节　园区数字化管理技术

一、技术内容

园区数字化管理技术是把传统人工记录、纸质记录的方式转变为软件平台记录的方式，具有记录数据不易丢失、数据统计处理方便、管理人员容易查询等优势，为现代化园区管理提供了有力支撑。园区数字化管理技术包括农事管理、生产资料管理、采收管理等主要部分。

园区数字化管理技术的使用，一是系统记录了园区各生产环节的数据，为园区负责人和管理人员的工作带来了极大的便利，二是连续的数据记录，形成大数据，通过分析对比，可以获得更优的生产栽培管理模式，提升经济效益。

二、技术组成

园区数字化管理技术主要可以提升以下三方面工作质量。

（一）农事管理

所有温室的生产计划、时间安排，园区都定时录入到系统，园区管理人员可方便地查询整个园区的生产情况，解决了传统人工记录统计麻烦。

（二）生产资料管理

将农机、作业工具、肥料、农药的存有量、购买、使用等信息都在云平台上进行入库、出库登记，保证生产有序进行。

（三）采收管理

基于二维码技术，形成了农产品质量追溯体系，对每一批采收农产品进行记录，并对每一批作物张贴二维码，通过云平台录入详细的种植管理信息，消费者可以查询产品的详细生产信息。可以提升园区农产品的品牌价值（图7-20，图7-21）。

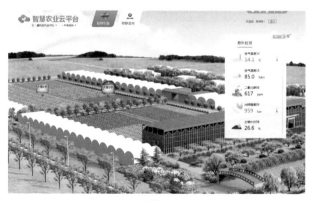

图7-20　远程管理云平台 - 首页

图 7-21　数字化管理软件平台

三、操作规程

在生产过程中，每天定时查看各温室环境信息采集、作物长势信息采集数据是否异常，各环境调控设备、水肥管理设备运行状态是否正常，存在异常及时查找原因，并联系企业技术人员进行维护。

四、质量标准（作业）

（1）一个规模化园区配套 1 套生产数字化管理平台。

（2）至少包括农事管理、生产资料管理、采收管理等部分，还包括信息存储、信息展示、信息查询、参数设置、设备控制、系统报警等功能。

（3）尽量选择温室环境信息查看、环境调控设备控制、水肥一体化设备控制功能软件部分融合的技术。

（4）远程管理平台具有电脑客户端和手机 APP 两种操控模式，均可实现对物联网的信息查询、参数设置和设备控制。

第五节　露地蔬菜自动驾驶技术

一、技术内容

随着精准农业的发展，自动驾驶技术、激光平地技术、播种监测技术等一系列信息化、智能化技术成为支撑，精细准确的调整土壤和作物的各项管理措施，最大限度地优化使用各项农业投入，以获取最高产量和最大经济效益。

基于卫星定位的自动驾驶技术属于精准农业的一个范畴，已经成为我国农业发展的必然趋势。随着农业劳动生产力的不断提高，农用机械向着大型化、自动化的方向发展，使得我们在作业过程中越来越依赖于机械。因为人们迫切需要最大限度的提高这些机械的工作效率，自动驾驶系统正好可以达到这一要求。

提高农机作业效率，保障播种周期。春耕春播需要抢时播种，传统作业模式，只能在白天进行，机力、人力有限。一般春播期至少要三周时间，使用自动驾驶技术，可实现24小时全天候作业，大大缩短了作物的生长周期，提高了单位时间作业能力，保障了播种周期。

降低劳动强度，节约用人成本。传统的农机作业，需要司机长时间高强度的驾驶，长时间连续工作，极易产生疲劳，不能保障作业质量。熟练的农机手往往需要更高的人工成本，比较稀缺，安装自动导航设备，降低了对驾驶员的技术要求，可以适当降低用人成本。

保障农田耕、种、管、收等各环节农机作业。前期起垄、播种直线度达不到要求，将为日后的田间管理带来诸多影响，比如中耕、植保期间伤苗严重，采摘期间也会因为行距偏差而造成损失。而拖拉机自动驾驶系统可以从根本上解决问题，达到播行端直、接行准确，平均100m播行偏差不超过25mm，把不必要的浪费和损失降到最低。

提高土地利用率。可以避免邻接行遗漏，提高土地利用率。玉米试验地块可提高土地利用率5.96%，马铃薯试验地块可提高土地利用率2.16%，甘蓝地块可提高土地利用率3.12%。

经济效益计算。按照目前自动驾驶技术设备成本10万元计算，设备使用寿命5年，折旧成本2万元/年。以露地蔬菜甘蓝生产为例，亩产4 000kg，出售价格1元/kg，一年种植两茬。应用自动驾驶技术有效减少收获损失率3.5%，提高土地利用率3.12%，应用100亩地块，可提高收益：（4 000×1×3.5%+4 000×1×3.12%）×100×2−20 000=32 960元。

二、装备配套

基于卫星的自动驾驶系统组成部分及其工作原理如下（图7-22，图7-23）。

（1）卫星天线：天线接收卫星信号并传输到控制器的内置接收机，提供当前车辆位置。

（2）角度传感器：角度传感器向控制器发送高精度转角信息，感应车辆实时的转向角度。

（3）控制器：计算处理从北斗卫星天线和角度传感器所收到的信息，并向电磁阀实时发送指令。

（4）电磁阀：根据控制器发送的指令，实时控制液压油流量和流向，保证拖拉机始终按设定路线行驶。

（5）显示器：接收卫星及差分服务信号，提供用户使用界面；设定调整精准农业模式、参数，并控制自动驾驶系统。

图 7-22　自动驾驶系统组成部分

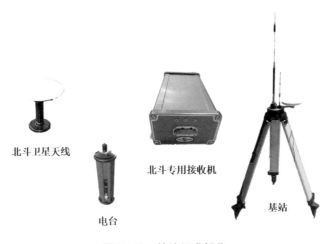

图 7-23　基站组成部分

　　整套系统除了车载系统之外，在大面积应用情况下，还需要配套固定参考站，其中参考站建立在固定地方，拖拉机在作业地块工作，车载系统安装在拖拉机上，通过接收参考站传来的差分信息，达到高精度导航目的（图7-24~图7-26）。

图7-24　自动驾驶控制界面

图7-25　起垄、播种作业

图7-26　自动导航驾驶技术应用效果

三、操作规程

（一）基准站安装

（1）GPS卫星天线尽可能架设在屋顶的最高位置，选择在开阔无遮挡的地方。高度截止角方向避开其他物体的遮挡，能够接收到足够的卫星信号。

（2）电台天线尽可能架设在屋顶、铁塔、抱杆的最高处，周围无遮挡建筑物或者山峰，电台天线架设高度和覆盖距离有直接关系，越高覆盖越远；覆盖距离直接关系到作业范围大小。

（3）基准站架设附近避免大面积水域或强烈干扰卫星信号接收的物体，以减弱多路径效应对 GNSS 信号的影响。

（4）基准站架设应该远离大功率无线电发射源（如电视台、微波站等），远离高压输电线，以避免电磁场对 GNSS 信号的干扰。

（5）基准站架设好后，保证基准站不会因为外力发生偏移，保证工作中的准确性。

（6）设置基准站发射电台时，可提前检验发射频率是否可用，功率设置是否满足实际工作需求，避免信号传输中串频等的影响。

（7）基准站卫星天线更换安装位置后一定需要重新配置基站位置参数。

（8）设备主机和电台安装固定在室内机房，电源要稳定；通过长距离馈线和室外天线连接。

（二）农机设置

（1）新作业设置 AB 线。驾驶员把车开到新作业地块所需的位置上并确保车身及农具是正的，建立新的作业，设置作业宽幅（农具有效宽度 + 交接行理论值），驾驶员驾驶车辆将车辆停于田地一端设置"A 点"，将车辆行驶至田地另一端设置"B 点"，车辆掉头后，即可开始自动驾驶作业。

（2）微移：为满足作业要求，用户自己可以按照车辆所需位置移动 AB 参考线，以达到作业需求，建议用户在正常作业当中不要随意应用该功能，否则，会造成交接行尺寸的改变，该功能建议只在卫星信号发生漂移现象后使用，正常作业中不建议司机使用，司机播种收地边角时可使用。

四、质量标准（作业）

依据 T/CAAMM　13-2018《农业机械卫星导航自动驾驶系统前装通用技术条件》及 T/CAAMM　14-2018《农业机械卫星导航自动驾驶系统后装通用技术条件》，一般要求如下（表 7-1~ 表 7-5）。

（1）导航驾驶系统应以 BDS（北斗）定位系统为核心，同时兼容至少两种卫星定位系统，例如 BDS（北斗）和 GPS 或 BDS（北斗）和 GLONASS。

（2）导航驾驶系统用差分基准站、数传电台和移动通信网络，应遵循 RTCM SC-104 差分通讯协议，能支持北斗厘米级定位。

（3）导航驾驶系统姿态航向测量传感器应具有横滚、俯仰和航向三个方向角度信号输出，横滚、俯仰两个方向的动态精度应满足导航驾驶系统定位精度要求。

（4）整机液压系统不允许有影响转向的渗漏油现象，当导向轮向左（或右）打到极限位置时，不应破坏角度传感器的保护装置。

表 7-1　设计性能指标

技术参数	性能指标
锁定卫星数量	≥ 5 颗（空旷环境下）
定位精度	规定的距离内：水平方向 10mm ± D × 10^{-6}mm，垂直方向 15mm ± D × 10^{-6}mm
工作环境温度	−30℃ ~ 70℃
注：D——测量距离，单位为 km。	

表 7-2　作业性能要求

技术参数	性能指标
轨迹跟踪最大误差	≤ 40mm
轨迹跟踪平均误差	≤ 25mm
上线距离	≤ 5.0m
抗扰续航时间	≥ 10s
停机起步误差	≤ 50mm
作业轨迹间距平均误差	≤ 25mm

表 7-3　导航线跟踪精度指标

类　型	横向偏差 /mm
AB 线	± 25
A+ 线	± 25
圆曲线	± 25
自适应曲线	± 50

表 7-4　交接行精度

类　型	横向偏差 /cm
AB 线	± 2.5
A+ 线	± 2.5
圆曲线	± 2.5
自适应曲线	± 5.5

表 7-5　组合导航单元技术指标

序号	功能	指标
1	卫星星座	应支持 BDS、GPS、GLONASS 全星座
2	定位精度与可靠性（RMS）	RTK：±（10+1×10⁻⁶×D）mm（平面） ±（20+1×10⁻⁶×D）mm（高程） 固定速度＜10s 定位可靠性＞99.9%
3	姿态测量	应具有横滚、俯仰和航向三个方向的测量

第六节　植物工厂技术

一、技术内容

植物工厂是通过设施内高精度环境控制实现农作物周年连续生产的高效农业系统，是利用智能计算机和电子传感系统对植物生长的温度、湿度、光照、CO_2浓度以及营养液等环境条件进行自动控制，使设施内植物的生长发育不受或很少受自然条件制约的省力型生产方式。

植物工厂是现代设施农业发展的高级阶段，是一种高投入、高技术、精装备的生产体系，集生物技术、工程技术和系统管理于一体，使农业生产从自然生态束缚中脱离出来。按计划周年性进行植物产品生产的工厂化农业系统，是农业产业化进程中吸收应用高新技术成果最具活力和潜力的领域之一，代表着未来农业的发展方向。

栽培环境可控，单位面积产量高。植物工厂环境密闭，不受外界气候影响，水、光、气等环境均可以人工监测、调节，可以完全避免自然灾害，劳动强度轻，劳动环境舒适。单位面积产量是露天栽培的 10~20 倍，是温室大棚的 5~10 倍。

水、肥、药可控，食品安全有保障。植物工厂由于栽培环境消毒严格，没有土传、水传病害发生，因此病虫害较少，不用使用农药及相关激素，生产出来的食品更加安全可靠。

二、装备配套

植物工厂通过设施内环境控制可实现农作物周年连续生产，在具体生产实际中，相关技术要点主要体现在"光""温""气""水"和"肥"五个因素的控制上。

"光"：植物工厂通过 LED 提供光源或补充光源，包括红、蓝和紫外线（UVA、UVB）等特定波长光源。由于不同作物、不同生长期，对光源需求不同，因此，实现了红蓝光比例可调、总光照度可调，这将提升 LED 补光效果和电能有效利用率。

"温"：作物的生长和品质都受温度直接影响，植物工厂配套温度调控设备，并实时监测、调控温度。规模化的植物工厂通常采用专业的通风设备进行通风降温，通过专业加温设备进行加热（LED 光源自身也会产生大量热量）。小规模的植物工厂通过空调进行加热和降温。

"气"：主要是保障二氧化碳的供给。植物工厂种植密度高，光合作用需要大量二氧化碳，可通过通风设备换气进行补充二氧化碳，或通过罐装或袋装二氧化碳管路释放的形式进行精准按需供给。小规模试验通过空调进行换气调节就可满足需要。

"水"：配套过滤装置对水进行过滤、消毒，并监测调节 pH 值。

"肥"：肥料选用水溶性较好的肥料，肥料包括常量元素氮、磷、钾、钙、镁，微量元素硼、锌、铁、锰、铜等。肥料配方根据不同作物、不同生长阶段进行配比。

此外，栽培支架的设计合理性和材料品质也是关系生产效率、农产品安全的重要因素（图 7-27，图 7-28）。

图 7-27　植物工厂独立栽培支架

图 7-28 植物工厂生产场景

三、操作规程

（1）定时检查电源供电。每天通过现场查看或者远程监控设备定时查看植物工厂供电是否正常，发生断电情况，及时组织维修，防止发生经济损失。

（2）定时查看作物长势。每天通过现场查看或者远程监控设备定时查看作物长势情况，发生异常，及时排查光照是否充足、温度是否在设置范围、二氧化碳供给换气是否正常以及水肥供给设备是否正常运转。发生故障第一时间进行维修更换。

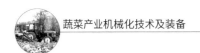

四、质量标准（作业）

根据植物工厂中作物生长需要的"光""温""气""水"和"肥"五个环境因素，植物工厂需要配套各因素调控设备和条件，为作物生长提供适宜的生长环境。需要配套的设备有补光灯、加温设备、降温设备、通风设备、二氧化碳施放设备、水循环设备和肥料供给设备等。

植物工厂技术近几年在我国快速发展，技术相对复杂，不同企业技术差别较大，相关标准规范文件目前较少。

第八章

典型模式

第一节　河口村设施蔬菜农机专业服务队

相较大田粮经生产，蔬菜生产的机械化水平相对较低，已成为实现农业现代化的短板。一是无论露地种植还是保护地种植，生产中的许多环节，尤其是产中和产后环节主要靠人工完成，人力投入较大，影响农户的积极性和综合效益，并成为制约蔬菜产业发展的"瓶颈"。二是由于蔬菜大棚和日光温室的传统结构，也限制了设施蔬菜的机械化发展。三是生产中节水、增产设备缺乏，尚未达到农业精细（准）化的生产水平。

实现蔬菜生产的耕整、移栽及运输等环节的机械化、省力化作业，灌溉环节的精准节水灌溉，并将物理增产技术应用到生产中，对大幅度推进蔬菜高产创建，提高北京市"菜篮子"生产效率，降低生产成本，以及确保蔬菜的供给及时性等都具有重要意义。

针对京郊蔬菜的种植模式，2015年北京市农机试验鉴定推广站在房山区窦店镇河口村（设施蔬菜种植千亩村）建立蔬菜生产机械化种植模式核心示范区，对蔬菜种植新设备、新技术进行试验、示范推广。

一、千亩设施园区基本情况

河口村千亩设施园区总面积1 100亩，以种植辣椒、草莓和花卉为主，经营形式为合作组织股份制（64户入股），年底进行分红，园区采用统一种植品种、施肥、植保、采收加工、销售五统一模式进行管理作业。在2015年前拥有农机具12马力手扶拖拉机2台，微耕机4台，150L药箱自走式打药机2台，背负式多台，设备产权归合作社所用，采用分散个人轮流使用制度。土地 400 多亩归合作社统一管理，另 500 多亩承包给个人管理，园区全部棚间 500 多亩露地由合作社统一种植辣椒。

二、成立农机专业服务队

图 8-1 服务队成立牌

北京翠林花海农产品专业合作社成立了河口村设施蔬菜农机专业服务队。建立服务组织框架，定人员、定场地、作业服务标准、范围等，把示范园"五统一"模式变为统一种植品种、施肥、植保、采收加工、销售、机械化作业的"六统一"模式，面向千亩设施园进行机械化作业服务（图 8-1）。

服务队建成农机库棚 120m²，办公室 35m²。同时进行规范化建设，编写规章制度和操作规程。完成服务组织名称、宣传栏的制作，并制作引进农机具的功能参数、操作规程提示牌，规范农业机械使用标准（图 8-2）。

图 8-2 服务队宣传牌

三、技术服务

河口村园区内整体机械化水平低，生产管理水平落后，农业种植大部分停留在人工手工劳动的状态，农机服务队对劳动强度比较大的 500 亩棚间露地蔬菜种植进行了机械配备，配备了大棚王拖拉机 2 台、旋耕机 2 台、起垄机 2 台、自走式移栽机 1 台、牵引式多功能铺膜移栽一体机 1 台，实现了耕整地、起垄、铺膜、移栽机械化作业。首次实现耕整地、起垄 100% 机械作业；20% 条件允许的地块实现机械移栽作业（图 8-3~图 8-8）。

图 8-3 服务队机库房及机具

同时，引入 10 台套空间电场设备、10 台套声波助长设备，4 台设施深耕机，提升温室设施装备水平，达到减轻劳动强度，提高农民收入，增加从业者舒适度的目的。

8-4 棚内深耕   8-5 棚间旋耕

目前服务队拥有12马力手扶拖拉机2台，大棚王拖拉机2台，微耕机5台，设施深耕机4台，旋耕机2台、起垄机2台，自走式移栽机2台，牵引式多功能铺膜移栽一体机1台，植保机械20台套，物理增产设备20台套等，设备总保有量达到100多台套。

图 8-6　棚间移栽辣椒

图 8-7　技术培训

四、服务队的运营模式

服务队运营模式：统一进行机械化作业，机具配备相应农机手，服务队在为农民进行机械化服务时只收取成本价格。农民对机械化作业后的反响——服务队新型深耕机、旋耕机作业深度更深，效率更高，耕整地作业不需要单独雇佣农机具，节约成本。

机械化作业后带来的生态效益和经济效益：统一作业相对农户零散雇佣机具作业减少作业时间和能源消耗。统一作业减少运营成本，降低农民投入。

第二节　小汤山智能集约化育苗场生产模式

小汤山智能集约化育苗场，2011年开始建设，2012年完工并投入使用。占地10 500m²，由播种催芽车间和养护温室2部分组成，年生产能力2 000万株以上。

播种催芽车间占地500 m²，包括蔬菜自动播种流水线和智能催芽室。蔬菜自动播种流水线每小时可以播种600~800盘，智能催芽室可以容纳8万~24万种子同时催芽。养护温室由 5 个日光温室组成，占地 3 000 m²，可同时养护 70 万株以上的穴盘苗。

一、技术基础与技术工作

小汤山智能集约化育苗场的建设，集中展示了蔬菜集约化育苗的洁净化、机械化、省力化、高效化的操作模式，分别开展了技术研究、技术示范和技术推广（图 8-8~ 图 8-14）。

（一）硬件基础

图 8-8 M-SNSL200 型全自动滚筒式播种流水线

图 8-9 填充基质

图 8-10 压穴

图 8-11　播种

图 8-12　覆土

图 8-13　浇水

图 8-14　催芽

（二）技术力量基础

小汤山智能集约化育苗场由北京市农业技术推广站提供技术支持，拥有研究员 1 名，高级职称技术人员 1 名，中级职称技术人员 3 名，并与中国农科院、北京农林科学院、中国农大、北京农学院、北京市农业机械试验鉴定推广站等科研院所、大专院校、市属单位有着密切的联系、技术合作，经过 6 年的建设和技术提升，已经成为北京市主要的集约化育苗场之一。

2012 年入选北京市级蔬菜集约化育苗场，近年来作为示范基地承担农业农村部、市科委的各项科研示范项目 20 余项，并承担科研院所试验数十项，既提升了基地的生产水平，也为带动育苗产业技术发展贡献了力量。

（三）技术研究

开展辣椒、番茄、黄瓜、茄子、芹菜、洋葱、大白菜等 12 种蔬菜的集约化育苗技术研究，内容包括水肥管理、基质筛选、调节剂应用、砧木品种筛选等多项关键技术。

2016 年开始潮汐式育苗技术研究，集成了半自动播种机、潮汐式育苗全套设备、弥雾打药机等蔬菜潮汐式育苗所需设施设备 1 套，总结制定番茄、黄瓜、茄子、辣椒潮汐式育苗技术操作规程 4 份；试验示范点育苗期采用蔬菜潮汐式育苗较传统灌溉方式，减少用水量达 45.6%，提高水分利用效率达 40%，壮苗率达到 90% 以上。

（四）技术示范

集成示范了自动化播种流水线、自动嫁接机、可移动苗床、移动喷灌车、水肥一体化、智能催芽等集约化育苗农机技术装备系统。

二、技术装备应用成效

（1）结合京郊蔬菜生产实际情况，示范推广高产、优质、抗病的番茄、黄瓜、辣椒、茄子四种果类蔬菜优良品种 12 个，在小汤山智能集约化育苗场四种果菜主推品种覆盖率达到 100%（表 8-1）。

（2）以番茄、黄瓜、辣椒、茄子、芹菜、生菜 6 种育苗量最大的蔬菜品种为重点对象，测定筛选出适合的基质 1 种，并在小汤山智能集约化育苗全面应用。

（3）根据生产需求，通过多次试验，推荐育苗场不同茬口使用的适宜穴盘规格。

表 8-1　四种主要果菜育苗不同茬口推荐穴盘规格情况

蔬菜种类	茬口	育苗期	定植期	推荐使用规格（孔）
番茄	早春	11月上旬至3月中旬	1月上旬至4月下旬	72
	秋冬	5月上旬至9月中旬	6月中旬至10月中旬	105
黄瓜	早春	12月上旬至2月上旬	2月上旬至3月下旬	72
	秋冬	5月上旬至9月中旬	6月中旬至10月中旬	72
辣椒	早春	11月下旬至2月中旬	2月上旬至4月下旬	105
	秋冬	5月上旬至7月中旬	6月中旬至8月下旬	105
茄子	早春	11月上旬至2月上旬	2月上旬至4月下旬	72
	秋冬	5月上旬至7月下旬	6月下旬至8月下旬	72

（4）示范推广 MOSA 公司的 M-SNSL200 型全自动滚筒式播种流水线，大幅提高工作效率，比全人工播种效率提高 30 倍，且设备操作方便，运转流畅，漏播率低，复播率可较人工播种降低 10.48%，使用反馈效果较好。

（5）示范推广自走式喷水车灌溉，通过在移动速度均匀的悬杆上的雾化（水滴 5μm）喷头形成均匀的水带进行苗床上灌溉，节省人工且用水效率高。自走式喷水车平均可比人工喷淋用水效率提高 15.7%，浇水速度提高 50%，可大幅减少农业用水量并节省了用工开支。

（6）示范推广 TJ-M 型茄果类嫁接切削器，该切削器体积小巧，仅相当于裁纸刀大小，价格低廉，便于携带，不需外部动力，仅拇指动作就能驱动切削。并可通过更换刀头座，实现切削角度为 30° 和 45°，分别针对嫁接夹固定和硅胶套管固定方式应用。以茄子嫁接为例，人工嫁接使用普通嫁接刀，每人每天工作8h 时可以嫁接 1 000 株左右，应用嫁接切削器每人每天工作 8h 可以嫁接 1 500株以上，提高工作效率 50%，同时降低了工人的工作强度。

第三节　北京市露地甘蓝全程机械化生产示范点

作为我国主要消费蔬菜种类之一，露地甘蓝生产过程中存在机械化水平较低的问题，主要表现在：一是农机作业主要集中于耕整地与田间管理环节，育苗、移栽、收获等环节机械化水平严重不足；二是作业质量较差，主要借助大田粮经机械开展作业，蔬菜专用设备较少，配套程度低，作业效果有待提升；三是农机农艺不配套，生产过程中标准化程度低，以人工作业为主的甘蓝生产标准化技术与现有的农机作业标准化技术及装备的衔接兼容程度低，生产过程中人工操作的随意性与机械化作业要求的连贯性、一致性差异很大，无法达到现代蔬菜产业规模化、专业化生产的要求。

露地甘蓝全程机械化生产技术以顶层设计为基础，着力解决我国北方露地甘蓝机械化生产过程中农艺技术要求、农机装备配备、园区地块整体规划设计三方面问题，涉及不覆膜平畦移栽与小高畦覆膜移栽两种种植模式，涵盖了地块整体规划设计、撒施肥、耕整地、集约化育苗、移栽、田间管理、收获七个环节的机械化技术，其中耕整地、集约化育苗、机械化移栽、机械化收获为主体技术。目前主要在北京市茂源广发农业发展有限公司生产基地和北京市"菜篮子"产品外埠蔬菜生产基地进行推广应用，取得良好成效（图 8-15）。

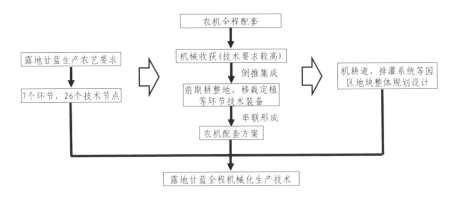

图 8-15　技术路线

一、示范点及示范效果

北京市茂源广发农业发展有限公司，生产基地位于北京市延庆区广积屯村，现有日光温室 39 栋，春秋棚 210 栋，露地 105 亩，总占地面积 505 亩，作为北京市首批绿色防控示范基地，大量采用绿色防控、农机装备、循环农业技术及理念，保障果蔬生产效率及品质。

2016—2018 年，逐步应用露地甘蓝全程机械化生产技术，能够确保甘蓝栽植密度，保障甘蓝产量，平畦移栽平均每亩栽植中甘 21 号甘蓝 4 500 株以上，平均亩产可达 4 500kg 以上，小高畦移栽平均每亩栽植中甘 21 号甘蓝 4 000 株以上，平均亩产可达 4 000kg 以上，采用该项技术进行机械化作业，与传统人工生产技术相比较，可节省劳动用工成本 70% 以上，具有较好的节本省工及增产增收效果（图 8-16）。

图 8-16　甘蓝机械化收获

二、技术要点

露地甘蓝全程机械化生产技术包括七大环节 26 个技术节点，重点环节为耕整地、育苗、移栽和收获，具体技术要点如下。

（一）耕整地

（1）地块准备。对于新增菜田，需要准确测量坚实度、平整度等原始地块基本参数。

（2）激光平地。对于基础条件较差、颠颇不平的地块，先开展激光平地作业，以原始耕地情况为基础，在保持土方量一致、减小耕层破坏、满足排涝要求三个限制条件下，优化形成最佳激光平地方案，采用激光平地机，调整倾斜角度，开展水（斜）平面激光平地作业，保证菜田在同一水（斜）平面（图8-17）。

（3）深松、旋耕、镇压等作业。保证开展耕整地作业后，耕作层碎土率≥85%，尤其要实现表土细碎，以便于机械化移栽。

（4）起垄。对于小高畦覆膜移栽，选用起垄机开展作业，垄顶宽0.6m，垄底宽0.75m，垄沟宽0.25m，垄高0.15m，保证起垄笔直，垄形整齐。

图 8-17 激光平地

（二）育苗

采用集约化育苗方式。

（1）种子选择：在适宜当地露地种植的甘蓝品种中综合选择耐抽薹、丰产性好、结球相对紧实、开展度小、短缩茎较长、不宜裂球的甘蓝品种作为主栽品种，保证种子纯度及发芽率。

（2）穴盘选择：采用吊杯式移栽机开展移栽作业，建议采用72穴左右的苗盘进行育苗；采用链夹式移栽机开展移栽作业，建议采用105穴左右的苗盘育苗。此外，应注意国内外部分移栽机移栽作业对育苗环节有其他方面特殊要求，如洋马全自动移栽机需配专用苗盘。

（3）播期选择：按照种植甘蓝品种要求及拟定移栽日期倒推播种日期，适当早播，合理安排炼苗。

（4）设备选择：年育苗量在200万株以内可选择手持式气吸播种器开展播种作业；年育苗量在200万~2 000万株，可选用育苗播种机开展播种作业；年育苗量稳定在2 000万株以上，可根据实际生产需求，选配育苗播种流水线。管理过程中选配移动苗床、育苗喷灌车、增温设备、运苗车等（图8-18）。

图8-18　技术路线

（三）移栽

（1）栽期选择：在保证气温及地温的前提下，根据品种特性及市场需求，合理安排茬口。在北京地区及外埠基地集成示范过程中，采用一年两茬栽培，春茬选用早、中熟品种，冬春育苗，春栽夏收；秋茬选用中、晚熟品种，夏季育苗，夏秋栽培，秋冬季收获。

（2）秧苗要求：4叶1心，全株高15cm左右，整齐度好，土坨紧实，植株粗壮。

（3）设备选择：一种是小高畦覆膜移栽，采用吊杯式移栽机，有助于增温保墒。一种是不覆膜平畦移栽，采用链夹式移栽机，作业效率较高。移栽、田间管理、收获环节农机作业过程中，在统一动力设备的基础上，选配北斗卫星自动驾驶系统，保证农作物之间的行间距准确，降低人工驾驶技术需求的同时大幅度提升作业质量和效率，收获、管理过程中保证轮胎压在移栽时拖拉机轮辙上，不压菜、不伤菜（图8-19）。

（4）作业质量要求：平均栽植秧苗合格率≥85.0%，安装北斗卫星自动驾驶系统后，作业每百米偏移距离≤25mm。

（四）收获

（1）甘蓝收获前，准备甘蓝收获运输专用筐、专用辅助割刀，作业前

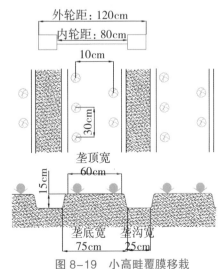

图8-19　小高畦覆膜移栽

图 8-20　甘蓝机械化收获

人工收获开辟作业通道，循环成圈作业或往复循环作业。

（2）采用甘蓝收获机进行甘蓝收获时，要选用适宜长度的输送带，调整圆盘切割器至适宜高度，保证既不切碎甘蓝球体，又不铲土，平均每台收获机配备 4~6 人进行切割外包叶及筛选作业（图 8-20）。

（3）作业质量达到甘蓝切球率≤ 3%，收获效率≥ 5 000 株/h。

第四节　北京市智能设施农业示范园区

图 8-21　北京本忠盛达种植园区一览

北京市智能设施农业示范园区是北京市与密云区两级农机推广部门依托北京本忠盛达种植园区，在 2017—2018 年陆续建设完成。

北京智能设施农业示范园区坐落在密云区河南寨镇，占地 280 亩。现在有日光温室和冷棚 81 栋，其中，普通日光温室有 19 栋，新建高规格日光温室 12 栋。

2017 年，市区两级农机推广部门和园区以打造高标准智能设施—农业示范园区为目标，全力合作，密云区负责温室改造和基础设施的建设，市农机推广部门负责智能化技术的选型和配套。按照计划改造和配套新型日光温室 12 栋，2018 年，温室和设备已经全部投入使用（图 8-21）。

一、技术设备配置

按照智能设施农业园区建设规划，为 10 栋日光温室配套 10 余种智能化技术，共计 100 余台（套）设备，在园区主要建设四个系统。包括信息采集、温室自动控制、水肥管理和生产数字化管理四大系统。涵盖了农业物联网技术、水肥一体化技术、物理增产及环境调控技术、生产计划及采收数字化管理、农产品追溯等具体技术（表 8-2）。

该园区水肥一体化技术的应用特点：一是采用砂石和叠片两级过滤装置，提供优良的水质，提升设备的使用寿命，降低堵塞率；二是系统能实时监测 EC/pH 的变化，并及时通过调配水肥比例和注酸通道对 EC/pH 值进行有效控制。

物联网技术应用特点在于环境监测和作物生长监测结合。通过作物长势实时监测和环境实时监测相结合，积累大量的监测数据，反映环境和作物生长最直接的联系，为下一步量化作物的生长需要与制作科学的作物生长决策模型打下基础。

表 8-2　技术设备配套

序号	设备名称	配套数量	配套详情
1	环境信息监测设备	20	①每套设备均配置空气温度、湿度、光照强度、二氧化碳浓度、土壤温度、土壤湿度、土壤盐分共计 7 种传感器　②1 号温室配置 4 套；2~6 号各配置 2 套；7~10 号各配置 1 套；2 号室外配置 2 套
2	作物长势监测装置	4	等距安装在 1 号温室；其中，合计配套叶面温度传感器 2 个；茎秆微变化传感器 3 个，果实膨大传感器 3 个
3	视频监控设备	10	1~10 号温室各安装 1 套；球机
4	温室自动控制设备	10	1~10 号温室各安装一套
5	水肥一体化设备	1	管理 1~10 号温室，水肥自动化管理
6	孢子虫情监测设备	1	监测孢子等病虫害情况，定时拍照上传，安装在 1 号与 2 号温室之间
7	远程管理云平台	1	远程查看环境信息、长势信息、设备运行、设备控制等；
8	手机 APP	1	功能同远程管理云平台
9	空间电场	10	每栋温室配套 1 套
10	补光灯	5 栋	每栋日光温室（2.5 亩/栋）配套补光灯 100 盏，分两路开关控制
11	二氧化碳发生器	10	—
12	电动开膜器	30	每栋温室配置 3 套
13	电动弥雾机	2	用于植保施药

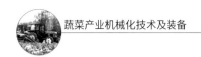

二、技术效益

（一）园区经济效益分析

水肥一体化综合技术：水肥一体化技术覆盖 10 栋新型日光温室，每栋面积 2.5 亩，共计 25 亩，采用传统文丘里吸肥器，每栋温室每次灌溉施肥时间平均为 4h（受设备和工人操作影响，每次时间为 3~5h 不等，工人每隔 10min 对桶内固体肥进行搅拌，每个工人可以同时对两栋日光温室进行灌溉施肥），工作效率为：园区每次灌溉需要工时 40h；采用水肥一体化设备，每次可设置灌溉 3~5 栋温室，10 栋温室灌溉施肥管理一次设置完成，每次灌溉施肥耗费时间平均为 1h（倒肥料两次，每次 25min，系统设置 10min 设备自动搅拌肥料，不需要人看护）；每次灌溉施肥节约工时 39h，劳动生产率提高 40 倍。以该园区越冬番茄为例，定植时间 9 月底，按照次年 4 月份底拉秧计算，生长期预计 5 个月，平均每周灌溉施肥 1 次，整个生长期预计 21 次。按照温室工人 8 小时工作制，10 栋日光温室规模园区每茬越冬番茄灌溉施肥环节可节约人工 102 天工时。采用水肥一体化设备技术滴灌带和微喷带出水均匀性更好，肥料搅拌也更均匀，可以防止人工操作失误或者不及时造成的灌溉过量问题。综合提高水资源利用率 35% 以上。

设施物联网技术（包括环境监测技术、自动控制技术、视频监控技术等）：以该园区 10 栋普通日光温室（每栋面积 2.5 亩）为例，环境监测设备可监测气候和环境等 7 种环境信息，控制设备有卷帘机、卷膜器、补光灯、空间电场、内循环风机，配套智能设备情况下，每个工人管理 1 栋日光温室，每个工人每天前往温室查看环境信息和设备控制次数大约 6 次，每次耗时 30min，共计 3h。园区 10 个日光温室，每天花费工时共计 30h；采用设施物联网技术，园区安排 1 人专人管理，工人可在办公室统一管理 10 栋温室，每次耗时 10min，在环境信息查看和设备控制环节，每天耗时共计 1h（按照 6 次计算），劳动生产率提高 30 倍。按照温室工人 8 小时工作制，10 栋日光温室规模园区在查看环境信息和设备控制环节，每天可节约人工 29 工时。

（二）生态效益

配套了先进的水肥一体化技术，提高了园区"三率"水平和节水、节肥、节工能力，使灌溉由粗犷向精细转变，促进了园区生产向环保生态方向发展。

三、存在的问题及建议

（一）技术设备不完善、成本较高

目前设施农业智能化技术发展处于初级阶段。企业技术设备鱼龙混杂，缺乏长时间的应用实践，技术设备稳定性差，很多企业设备存在较多问题，需要定期维修维护。技术设备成本高，较多依靠推广机构项目推动。技术应用效益支撑不足，农业主体购买意愿不足。

（二）综合技术人才缺乏

农业服务组织和农业园区缺乏智能化技术操作管理人员，这也是制约服务组织依靠信息化管理手段的原因之一，生产一线农民、管理人员年龄普遍偏高、文化程度低、信息化技术掌握不足。

第五节　生菜生产全程机械化技术示范点

生菜生长快速，产量高。单独种植时，宜于高度密植，也可与瓜、豆等蔬菜间套作，是周年供应的优质绿叶菜。近年来，北京市农业机械试验鉴定推广站主要联合了北京永盛园农业种植中心开展露地生菜生产全程机械化技术集成示范与探索工作，永盛园农业种植中心占地700亩，其中设施面积200亩，露地生菜种植500亩。

一、生菜的特征

（1）形态特征：生菜根群十分发达，浅生，叶片大，叶柄短，有叶耳抱茎而生，密生在茎上呈簇状着生，宛如菊花。有结球、半结球和不结球类型。茎叶有乳汁，遇空气即变棕褐色。种子极易丧失发芽力，寿命一般为1~2年，但以当年采种当年播种为好。

（2）栽培特性：种子较耐低温，在4℃时即可发芽。发芽适温18~22℃，高于30℃时几乎不发芽。植株生长期间，喜欢冷凉气候，以15~20℃生长最适宜，产量高，品质优；持续高于25℃，生长较差，叶质粗老，略有苦味。但耐寒也颇强，0℃甚至短期的零下低温对生长也无大妨碍。生菜根系发达，叶面有腊质，耐旱力颇强，但在肥沃湿润的土壤上栽培，产量高，品质好。土壤pH值以5.8~6.6为适宜。

二、各环节技术要点

（1）品种选择：生菜品种很多，经对比观察认为：北京市全年均可播种生产，但大面积种植一般为春秋二茬播种生产为宜。春夏季播种，生长后期雨水多，相对湿度高，结球品种虽能结球，但叶球小且疏松，也易烂球；而不结球品种如玻璃生菜、奶油生菜等，生长势好、烂叶少，产量高且稳定。秋冬播种，特别适宜选用结球性品种。因秋冬季雨水较少，空气相对湿度较低，结球品种的叶球结实，不易裂球、烂球，商品价值较高。

（2）播种育苗：生菜喜冷凉，忌炎热气候。北京市全年均可播种，但夏播气温高，种子发芽差，宜先用冷水浸种，用洁净纱布包好，置于冷凉处催芽。生菜种子细小，人工播种效率低，质量差，大规模种植宜选择气吸式穴盘播种机，单粒率、效率高，出苗整齐，适宜机械移栽（图8-22）。

图8-22　半自动小型穴盘播种机

参考机具：半自动小型穴盘播种机，以高压气为动力，人工手动摆放、收取穴盘，自动完成冲穴、播种作业，主要用于工厂化育苗。结构紧凑、操作灵活、可靠性较高。

（3）整地、施基肥：地块首先要平坦，适合机械化作业，对于土壤板结、颗粒较大的土壤地块应多旋耕两遍或使用驱动耙进行破碎土块，使土壤细碎。多年种植的土地应每隔3年使用深松机深松作业一次，以便打破犁底层，提高土壤墒情，保障土壤蓄水能力。根据种植习惯和地块大小，选择合适宽度的起垄机，可单行或双行起垄作业。根据生菜后期收获情况，也可选择宽垄或窄垄。还可以选择起垄铺膜、铺滴灌带多用途一体机进行复式作业，减少机具进地次数或减轻人们的劳动强度。宽垄单行起垄作业要求：垄面幅宽1.2~1.3m、起垄高度0.2~0.25m，垄距1.7~1.8m。

参考机具：AI 140起垄机，以拖拉机为配套动力，采用双辊浮动自动适应式设计，碎土颗粒细、起垄深度大、作业效率高；集土器、支撑轮可调整，部件表面经过特殊工艺处理不粘泥，能适应黏土、沙石土等多种土质农田和农艺作业条件；自动液压镇压器装置保证垄面平整、垄底镇压均匀、一次单行或多行起垄自主选择（图8-23）。

图8-23　起垄机

（4）移栽作业：生菜播种后30~40天适合移栽。株行距依栽培季节而异，采用行株距（0.25~0.3m）×（0.3~0.35m）。选择阴天或下午3时后栽植成活率高，夏季移栽应注意遮阴。移栽机应根据栽植地块和周边环境进行选择。一般较大裸露地块宜采用多行移栽机，设施内因受空间限制宜选择小型、转弯灵活的机型。

参考机具：OVER PLUS 4 生菜移栽机，以拖拉机为配套动力，拖拉机采用窄轮驱动，四人乘座人工喂苗完成四行移栽作业，可满足带膜和不带膜两种移栽要求，可实现宽垄一次四行移栽作业（图8-24）。

图8-24　OVER PLUS4 生菜移栽机

（5）田间管理：移栽后及时喷水，每天2~3次，连续3~4天。以后宜小水勤浇。当需要植保作业时，应根据环境选择合适机械进行打药，防止中毒。

植保参考机具：3W-650喷杆式喷雾机，以拖拉机为配套动力，与拖拉机后置三点挂接方便快捷。采用进口喷嘴，雾化均匀，减少农药使用量，降低农药残留；药箱容量大，作业效率高；具有喷杆仿形机构，保证喷雾效果；喷杆液压升降，液压折叠，操作简单方便（图8-25）。

图8-25　3W-650喷杆式喷雾机

图 8-26　RAPID SL 生菜收获机

（6）收获作业：目前北京市生菜收获大多采用人工收获，使用机械收获的很少。而生菜收获机生产厂家国内几乎是空白，国外有比较成熟的机型，要实现机械收获生菜，必须在移栽环节就与使用的收获机进行配套栽植，以便形成标准的机械化种植模式。

参考机具：RAPID SL 生菜收获机，电动感应调整收获高度，自动润滑系统。前置齿形切割刀片，配有遮阳篷（图 8-26）。

第六节　大棚蔬菜生产关键环节机械化技术示范点

受塑料大棚结构的限制，市场通用的拖拉机及农机设备通过性差，调头难，不能适应塑料大棚蔬菜生产。该技术从塑料大棚结构改造入手，广泛地引进、开发、试验、配套先进适用的农机动力和设备，形成塑料大棚蔬菜高效生产机械化技术，提高设施农业机械化作业水平。

一、示范基地情况

该技术在北京绿菜园蔬菜专业合作社进行试验示范。合作社成立于 2009 年，位于延庆区康庄镇小丰营村，有机认证种植面积 470 亩，其中春秋棚 155 个、日光温室 204 个，种植的品种有彩椒、番茄、长茄、西芹、紫薯、青萝卜、油菜、菠菜等四十多种品种，实现了"六统一"的管理方式（统一农资供应、统一计划种植、统一育苗、统一病虫害防治、统一加工包装、统一品牌销售），近些年，园区逐步实现了番茄、辣椒等大棚蔬菜关键环节机械化生产作业，在原"六统一"管理方式的基础上，逐步延伸形成包括统一机械化作业在内的"七统一"管理方式。

二、塑料大棚结构改造

一是在塑料大棚两端钢龙骨上加固两道方管（规格 40mm×20mm×4mm）横梁，下横梁距地面高度大于 1.8m，保障中型农机设备作业的通过性。二是在两道横梁两端加固斜侧支撑。斜侧支撑跨接棚钢龙骨不少于 3 根，随形钢龙骨并与之固接，同时深入地面下至少 0.6m。在下横梁两端，棚端面内做立支撑，保障塑料大棚结构稳固。三是在横梁与立柱形成的端面内，设计 2 个活动扇和 2 个活动门，活动扇安装两侧，与边框采用方便快捷的活动销连接，与地面采用插扦固定。活动门通过下横梁上滑槽、滚轮和滚轮轴连接，实现沿滑槽移动开关门。四是在棚端改造的骨架上安装卡槽，在活动扇、活动门封膜时留有边膜余量 0.2~0.3m，在安装好活动扇后，可将留有的边膜卡在卡槽内，以保障端膜密封性。五是横梁上端面采用卡槽，塑料膜直接密封，也可以在两道横梁间，中间段留有通风口，利于塑料大棚内通风。

改造实现了塑料大棚两端 1.8m 以下全开启又能快速封闭，保障了中型农机设备出入顺畅，作业无死角，增加了农机设备的选型空间，利于实现塑料大棚蔬菜生产机械化作业。在园区内多栋塑料大棚结构改造后，可实现多栋塑料大棚连续循环高效作业模式，大幅度提高机械化作业效率（图 8-27）。

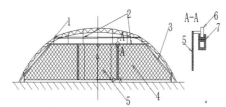

1.原有大棚端龙骨 2.横梁 3.边梁 4.活动扇 5.活动门 6.滚轮 7.滑槽

图 8-27 大棚两端结构改造

三、塑料大棚机械作业

（一）动力设备

在塑料大棚结构改造的基础上，围绕塑料大棚蔬菜生产深耕、起垄、移栽作业环节，筛选 354D 拖拉机作为塑料大棚机械化作业主动力，该设备四轮驱动，动力性强；液压提升，操作方便；结构紧凑，通过性好；身高 1.75m 驾驶员进行作业，可自如出入塑料大棚，满足蔬菜生产机械化作业需求。

（二）旋耕设备

选用 35 马力拖拉机配套作业幅宽 1.4m 的旋耕机进行作业，作业深度可达 0.2~0.25m，相比传统微耕机耕深增加 0.05~0.15m 以上，作业效率是传统微耕机的 10 倍。可以实现土壤深耕，打破传统作业留下的犁底层，为秧苗移栽提供良好的土壤结构，起到增产增收的作用。

（三）起垄设备

大田起垄设备较成熟，但不适合塑料大棚起垄作业。根据塑料大棚蔬菜种植农艺要求，以及 354D 拖拉机悬挂系统，选择专用于塑料大棚起垄作业的起垄机，垄高 0.1~0.15m；垄底宽 0.9~1.1m；垄顶宽 0.7~0.9m。垄宽在 354D 拖拉机轮内缘距内，354D 拖拉机再次通过时不会碾压垄体，形成塑料大棚起垄机起垄作业技术方案。

（四）移栽设备

塑料大棚蔬菜移栽作业是先铺管覆膜后移栽，然后在膜上定植秧苗。选择铺膜、铺滴灌管、移栽一体机开展作业，配套 354D 大棚王拖拉机使用，每次作业最少应包含 3 名操作人员，1 名机手，2 名投苗员，一次进地，可同时完成铺滴灌带、覆膜、移栽、覆土及浇水作业，大幅度降低移栽过程人工投入，每次栽植 2 行，株距 0.32~0.4m 可调，能满足棚内番茄、辣椒等蔬菜移栽要求。

第七节　芽苗菜立体栽培机械化技术

一、栽培技术要点

芽苗菜立体栽培机械化技术主要用于解决家庭栽培芽苗菜空间有限的问题，采用立体模式可有效节省空间，这几年设计和推广了 4 类芽苗菜栽培设施，主要解决喷淋、补光、多功能问题。芽苗菜立体栽培机械化技术优势在于：采用立体栽培模式，充分利用空间；层次适宜，易于管理；自动控制，使用简便；造型美观，配合阳台营造景观的需要；性价比合理，易于推广（图 8-28）。

芽苗菜在育苗盘内播种后，育苗盘上部盖纸进行避光，在水箱内加入灌溉水，通过定时开关设定灌溉时间，该装置就可以在催芽阶段进行自动定时灌溉；在芽苗菜的正常生长阶段，去掉育苗盘上盖的纸，让芽苗菜见光，补光系统对芽苗菜进行补光。

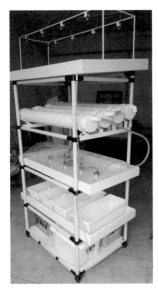

图 8-28 芽苗菜立体栽培架

二、栽培装备配套

（一）主要构造及材料

芽苗菜立体栽培设施主要由机架、侧柱、层架、育苗盘等组成，其中底座由立柱、侧梁、横梁等组成，各零件通过螺栓连接。制作时育苗盘和螺栓采用通用产品，其他材料如表 8-3 所示。该装置有直立状态和展开状态，直立状态用于芽苗菜的催芽等栽培阶段，展开状态用于芽苗菜的生长期栽培阶段。

表 8-3 芽苗菜立体栽培装置制作材料

零件名称	材料名称	材料规格（mm）
机架	方钢	30 × 30
侧柱	方钢	30 × 30
层架	角钢	30 × 30
	扁钢	30 × 3

（二）立体栽培设施的设计

1.机架

如图 8-29，机架由立柱、侧梁和横梁等组成。机架采用不锈钢方管焊接而成，也可以用不锈钢连接件连接各组件组装而成，机架要求整体结构牢固稳定。立柱有 4 根，侧梁有 6 根，横梁有 3 根，在上部侧梁的两端有通孔，用于安装侧柱；在中部的侧梁开有通孔，用于安装侧柱限位销钉。

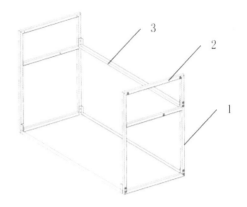

图 8-29　机架
1.立柱　2.侧梁　3.横梁

2.侧柱

如图 8-30，侧柱为不锈钢方柱，在上面开有 4 个通孔，用于安装层架，中部有一通孔，用于将侧柱安装于机架上。

3.层架

如图 8-31，层架由中梁、侧梁、横梁等组成。层架采用不锈钢方管焊接而成的矩形结构，层架内部用于安放双层栽培盘，中梁用于主栽培盘起支撑作用，层架安装于侧柱上，从上至下共有 4 个，除最下面一个层架外，在

图 8-30　侧柱　　　图 8-31　层架

中梁上安装有喷灌管和喷头；侧梁和横梁组成框架结构，在侧梁上有通孔，用于将层架与侧柱上的孔通过螺栓连接。

4.育苗盘

如图 8-32，选用生产上常用的 60cm×24cm×4cm 育苗盘。

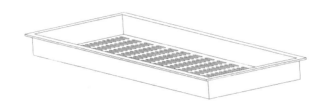

图 8-32　育苗盘

5. 灌溉系统

灌溉系统用于对芽苗菜进行灌溉，包括水箱、水泵、喷灌管、喷头等零件。水箱用于存放一定量的灌溉用水；水泵采用高压隔膜泵，使水加压，沿喷灌管输送至喷头；喷头用于雾化灌溉水，灌溉芽苗菜，为保证灌溉均匀，每个育苗盘对应 2 个喷头。

6. 补光系统

补光系统用于对芽苗菜进行补光，补充栽培环境光照的不足，由 LED 补光灯、导线、直流电源等组成。LED 补光灯是采用半导体照明原理，专用于花卉和蔬菜等植物生产结合高精密技术的一款植物生长辅助灯，一般室内植物栽培会因光照不足而长势差，通过适合植物所需光谱的 LED 灯照射，可以促进其生长。不同波长的光线对于植物光合作用影响不同，植物光合作用需要的光线，波长在 400~720 nm 左右，其中 400~520 nm（蓝色）的光线以及 610~720 nm（红色）对于光合作用贡献最大。本设计选用红蓝比为 1 : 1 的 LED 植物生长灯进行补光。

三、栽培作业规范

立体栽培设施有直立和展开两种工作状态，如图 8-33 所示。

（1）芽苗菜在催芽栽培阶段，采用直立状态进行工作，可以减少光照，有利于芽苗菜的催芽，在育苗盘内播种后，育苗盘上部盖纸进行避光，在水箱内加入灌溉水，通过定时开关设定灌溉时间，然后该装置就可以在催芽阶段进行自动定时灌溉。

（2）芽苗菜正常生长阶段，采用展开状态进行工作，可以增加光照，有利于芽苗菜的正常生长，在催芽结束后，去掉育苗盘上盖的纸，让芽苗菜见光，在水箱内充入灌溉水，通过定时开关设定灌溉时间，然后该装置就可以在芽苗菜的正常生长阶段进行自动定时灌溉。

（3）直立状态时可以减少空间的利用，展开状态时利于对芽苗菜的管理，该装置直立和展开状态只需搬动侧柱就可以轻松地实现工作的转换。

图 8-33　芽苗菜立体栽培架

四、芽苗收获设备

芽苗菜收获机，包括：机架、控制系统及切割装置，机架包括工作台，工作台的宽度大于常用育苗盘的长度，并且工作台相对于水平面倾斜设置；切割装置包括切割器，并且切割装置以切割器与工作台相隔一段距离的方式设置在工作台上方，距离应大于常用育苗盘的高度，如图 8-34 所示。

图 8-34　芽苗菜收获机

工作时，将生长有待收割的芽苗菜的育苗盘从收割机上部放入，育苗盘在重力作用下，沿收割台的倾斜滑道向下滑动，到达切割器时，被收割，收割下来的芽苗菜在重力作用下，自动落入下方的集料斗中被收集。由此确定该机主要由机架、切割装置、集料斗等组成。

（一）机架

机架为主体支撑结构，由不锈钢方管焊接而成的框架结构，在外部加罩壳，由立柱、横梁、外壳等组成。根据人体工程学原理，机架的高度设计为600mm。根据生产中所使用的育苗盘的规格，机架的宽度设计为900mm，根据动力装置的尺寸，机架的长度设计为650mm。如图8-35所示，机架顶部一侧安装切割器

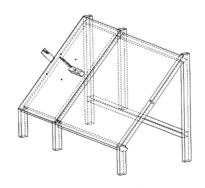

图8-35　芽苗菜收获机机架

支架，另一侧安装往复装置的电机和传动箱。机架顶部中央位置安装收割装置。机架上部一侧安装盛料箱。机架呈倾斜状态，便于使已收割芽苗菜在重力作用下全部快速落入料箱。

本设计机架设计为倾斜式，目标有三：一是为简化机器的结构，二是为保证待收割芽苗菜的喂入，三是为保证已收割芽苗菜的收集。如果采用一般机器机架普遍采用的水平结构，待收割芽苗菜的喂入，必须增加传送装置，包括传送带、主动带轮、从动带轮、驱动电机、传动装置等，将使机器的结构更加复杂，机器的制造成本将大幅增加。此外，如采用水平结构工作台面，还需增加扶苗装置及相关的机构，该装置必须保证芽苗菜在收割时保持直立状态，并且不能够损伤幼嫩的芽苗菜，对此机构的要求非常严格。因此，本项目设计了倾斜式的机架工作面。当从机架上部放上盛放待收割芽苗菜的育苗盘后，育苗盘在重力作用下沿倾斜的机架工作台面下滑，使待收割芽苗菜顺利喂入。

（二）切割装置

芽苗菜收割机是用于芽苗菜收割的一种机械，与传统的人工收割相比可以大大提高芽苗菜收割的工作效率，为保证收割芽苗菜的商品性，在收割时要求收割高度一致，且剪口平整，切割器是芽苗菜收割机的重要部件，其结构与参数设计非常重要，它的正常运转和切割质量好坏，直接关系到芽苗菜商品性。如图8-36所示。

（三）集料斗

集料斗为不锈钢板焊接而成的上部为开口的箱体结构，由箱底、侧壁等组成。安

图8-36　切割装置

装于机架上部的一侧，即切割器的下方，用于收纳已收割的芽苗菜，工作一段时间后，工作人员从集料斗处，取出已收割的芽苗菜。根据机架的尺寸，设计盛料箱的长×宽×高为600mm×300mm×200mm。如图8-37所示。

图8-37 集料斗

（四）整机

各零部件的三维模型完成后，为建立其虚拟样机需对各个零件进行虚拟装配。在SolidWorks软件的虚拟装配中，有自底向上和自顶向下两种装配设计方法。本项目采用了自底向上的方法，通过零件来控制整个装配体的设计过程，由于该款收割机相对其他复杂设备而言，结构比较简单且相关产品已较成熟，采用这种方法可以有效控制各零部件之间的关系，根据设计的需要随时对装配件中的零件进行修改，满足其设计要求，比自顶向下装配设计效率更高。在芽苗菜收割机具体装配设计时，采用SolidWorks提供的易于掌握的一般装配手段，铰接点转动副的配合约束使用"同心"约束，移动副约束使用"重合"和"相切"两种约束。为提高虚拟装配效率，本设计还采用了子装配体的方式，即先将部分部件装配成子装配体，再在总装配中完成型材自动切割机整机的装配。装配完成后的虚拟样机如图8-38所示。

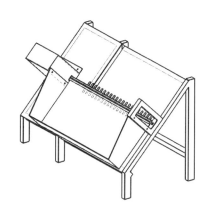

图8-38 芽苗菜收获机

五、芽苗机械收获作业规程

（1）工作前请确保入料口无异物阻挡，并确保按照用电规格接通电源。

（2）机器放在平稳的地方运行，有轮脚的将轮脚锁止。

（3）机器运行时请勿把手伸入机器内部。

（4）维修、维护、保养清理前请将机器完全停机断电后进行。

（5）收割工作完成后，请开机空运行一段时间，后关机。

（6）断电关机后请静置一段时间待切割装置散热后，进行日常维护工作，确保下次工作效率。

（7）收割机机使用完毕后需要先进行清理和检查，防止长时间内设备污染锈蚀。

（8）电路部分不能清洗。

（9）擦拭收割机刀头，需停机断电，由技术员执行，做到无汁液残留湿布擦拭。

参考文献

卞丽娜，李继伟，丁馨明，等 . 2015. 叶菜类蔬菜机械化收获技术及研究［J］.
农业装备技术，41（2）：22–23.

陈清，云建，陈永生，等 . 2016. 国内外蔬菜移栽机械发展现状［J］. 蔬菜，
（8）：76–79.

段续 . 2017. 食品冷冻干燥技术与设备［M］. 北京：化学工业出版社 .

封俊，秦贵，等 . 2002. 移栽机的吊杯运动分析与设计准则［J］. 农业机械学报，
（9）：48–50。

胡童，齐新丹，等 . 2008. 国内外蔬菜播种机的应用现状与研究进展［J］. 江西
农业学报，（30）：87–92。

金诚谦，吴崇友，袁文胜 . 2008. 链夹式移栽机栽植作业质量影响因素分析［J］.
农业机械学报，（9）：196–198.

陆海涛，吕建强，金伟，等 . 2016. 我国叶类蔬菜机械化收获技术的发展现状
［J］. 农机化研究，（6）：261–262.

裴孝伯 . 2012. 蔬菜嫁接关键技术［M］. 北京：化学工业出版社 .

齐龙，赵柳霖，马旭，等 . 2017. 3GY–1920型宽幅水田中耕除草机的设计与实验
［J］. 农业工程学报，（33）：8.

沈再春 . 2006. 农产品加工机械与设备［M］. 北京：中国农业出版社 .

陶仁，程献丽，高富强 . 2006. 国内外旱地移植机械化发展及现状分析［J］. 农
业科技与装备，（3）：40–42；

王芬娥，郭维俊，曹新惠，等 . 2009. 甘蓝生产现状及其机械化收获技术研究
［J］. 中国农机化，（3）：79–80.

王国强，李胜 . 2014. 浅谈果蔬尺寸分级机研究现状与进展［J］. 新疆农机化 .

王晓东，封俊 . 2005. 国内外膜上移栽机械化的发展状况［J］. 中国农机化，
40–42.

邢莹莹，张富仓，张燕，等 . 2015. 滴灌施肥水肥耦合对温室番茄的产量、品质

和水氮利用的影响［J］.中国农业科学.4.

徐岚俊，李小龙，等.2018.基于作物长势实时监测的日光温室物联网系统研究［J］.蔬菜，（01）.

杨维田.2011.穴盘育苗［M］.北京：金盾出版社.

张传帅，李小龙，等.2017.设施番茄长势监测技术研究现状及应用［J］.农业工程，S1期.

张传帅，徐岚俊.2018.设施农业智能化是个啥样.京郊日报，2.13（3）.

张绢，王芬娥，郭维俊，等.2012.4YB-I型甘蓝联合收获机的设计［J］.甘肃农业大学学报，47（5）：143-144.

张晓文，王影，邹岚，等.2008.中国设施农业装备的现状及发展前景［J］.农机化研究，（5）：229-232.